U0095229

高等学校网络工程专业培养方案

徐明 曹介南 执行主编

国防科学技术大学计算机学院网络工程系 著

清华大学出版社
北京

内容简介

本研究报告在分析网络工程专业人才市场需求的基础上，论证了网络工程专业方向与人才的培养目标，归纳了其知识、素质与能力特征，梳理了网络工程专业知识体系、知识单元和知识点，形成高等学校网络工程专业课程体系(含实践体系)推荐方案。本研究报告还对国际一流大学相关课程体系进行了跟踪与分析。

本研究报告主要的读者群是高等院校网络工程、计算机及相关专业的教师、学生和教学管理人员，亦适合于企事业单位网络工程相关的技术与管理人士参考。

本报告不仅对于重点大学，而且对于一般大学网络工程专业的教育，以及职业技术学院和相关培训机构的专业教学也有借鉴参考意义。

图书在版编目（CIP）数据

高等学校网络工程专业培养方案/徐明，曹介南执行主编；国防科学技术大学计算机学院网络工程系著．—北京：清华大学出版社，2011.10
ISBN 978-7-302-26656-3

Ⅰ．①高… Ⅱ．①徐… ②曹… ③国… Ⅲ．①高等学校－计算机网络－人才培养 Ⅳ．①TP393

中国版本图书馆CIP数据核字（2011）第179873号

责任编辑：梁 颖
责任校对：焦丽丽
责任印制：杨 艳
出版发行：清华大学出版社　　**地　址**：北京清华大学学研大厦A座
http://www.tup.com.cn　　**邮　编**：100084
社 总 机：010-62770175　　**邮　购**：010-62786544
投稿与读者服务：010-62795954,jsjjc@tup.tsinghua.edu.cn
质量反馈：010-62772015,zhiliang@tup.tsinghua.edu.cn
印 刷 者：北京富博印刷有限公司
装 订 者：北京市密云县京文制本装订厂
经　销：全国新华书店
开　本：180×235　**印　张**：19.75　**字　数**：282千字
版　次：2011年10月第1版　**印　次**：2011年10月第1次印刷
印　数：1～2000
定　价：39.00元

产品编号：044108-01

高等学校网络工程专业培养方案研究组

徐　明　曹介南　朱培栋　姚丹霖

蔡开裕　蔡志平　毛羽刚　任　浩

陈颖文　郑倩冰　胡　罡

编辑出版组

卢先和　丁　岭　魏江江　梁　颖

序

计算机网络技术是计算机技术和通信技术相结合的产物。很长时间以来，关于计算机网络的学科内涵，且不说计算机领域和通信领域的一些同志各执一词，即使在计算机领域内也认识不一，从有的院校把它归属于“计算机系统结构”，有的院校把它归属于“计算机应用”二级学科下，即可见一斑。近二十年来，计算机网络已发展成为国家、军队的重要信息基础设施，在国家安全、军队建设和经济社会发展中的重要地位日益凸显，网络可以说已是无处不到、无时不在。与此同时，社会对网络技术人才的培养无论是在“量”还是“质”上，均提出了很高的要求。

为适应形势发展需求，1998 年教育部批准设置的网络工程专业，至今全国已有 290 余所高等院校开设，很多院校还成立了网络工程系。历十余年之实践，网络工程人才培养方面已取得了不少经验。但是，随着社会对网络工程人才需求的普及化、多元化，在网络工程专业如何办出自己的特色、如何体现计算机技术与通信技术的结合、如何实现网络工程基本理论方法和分析解决实际工程问题技能的综合培养、如何考核评价培养体系和学生能力等方面，均面临很多挑战。认真总结经验教训、系统梳理社会需求、科学界定专业内涵、合理规范课程设置及实践体系、全面提高网络工程专业教育质量已成为一项重要而紧迫的工作。

国防科技大学计算机事业于 1958 年起步于哈尔滨军事工程学院，1966 年 4 月正式设立计算机系，计算机网络则起步于 20 世纪 80 年代。历经数十年奋斗，计算机学院逐步发展壮大，已成为我国高性能计算机及计算机网络研制和人才培养的一支国家队。为适应国家和军队信息化建设的需要，学院相继成立网络与信息安全研究所和网络工程系，教学、科研均

序

取得一系列丰硕成果，办出了自己的特色。围绕网络工程专业课程体系，学院网络工程系的同志们做了一项很有意义的工作——他们开展了广泛的调研，并在具有翔实数据的基础上深入剖析了网络工程专业的内涵定位，系统设计了网络工程专业课程体系、专业实践教学体系及教学实施方案，六易其稿，最终形成了本篇研究报告。

该研究成果融入了学院多年教学、科研实践的体会，分析了国内各重点院校网络工程专业办学的经验，借鉴了国际上相关研究的成果。相信此书的出版可为国内其他高等院校进一步探索加强网络工程专业建设提供有益的借鉴，为从事计算机网络人才培养的教师提供重要的参考。

2011 年 10 月 3 日

前言

从1998年教育部批准开设网络工程专业以来，目前全国已有近300所高等院校开设了网络工程专业，有的学校还成立网络工程系，专门负责网络工程专业的教学与科研工作。经过十多年的发展，在规模上，网络工程专业已从原来计算机专业的一个专业方向发展成为全国性的大专业；在人才培养和专业教学方面也积累了不少的成功经验，培养了一大批社会急需的网络技术人才，为国家信息产业的发展做出了巨大的贡献。

随着下一代互联网、物联网、云计算、普适计算等技术的蓬勃发展，以及国家与企业信息化建设与应用向纵深推进，各行各业对网络工程专业各类人才在知识、能力、素质等方面的需求有何变化？目前高等院校网络工程专业的现状究竟如何？是否满足用人单位对网络工程专业各类人才在数量和质量上的需求？高等院校在网络工程专业的建设与发展上应该采取怎样的对策与措施？这些问题值得各级教育主管部门、高等院校以及用人单位深入研究和探讨。

本项研究工作的主要目标旨在明确高等院校网络工程专业人才培养目标与能力倾向，探讨网络工程专业人才在知识、能力和素质方面的培养要求。在此基础上，论证并确定网络工程专业的知识领域、核心知识单元和知识点，设计网络工程专业课程体系和教学实施建议方案，供全国高等院校，特别是重点大学网络工程专业教学参考。

成书过程

自2003年国防科技大学网络工程专业开始招生以来，根据网络技术的发展和用人单位的需求，其培养方案在持续改进之中，最新版本为“2009

国防科技大学网络工程专业培养方案”。为了更有效地总结和推广教学经验，我们在湖南省教委、国防科技大学和清华大学出版社的资助下，成立了网络工程专业教学改革研究小组，小组成员包括徐明、曹介南、蔡开裕、朱培栋、姚丹霖、蔡志平、毛羽刚、任浩、陈颖文、郑倩冰、胡罡等从事网络工程专业教学的老师。该小组在广泛调研了用人单位对网络工程专业人才的需求和国内外相关专业建设情况的基础上，深入剖析了网络工程专业的定位和内涵，总结了自身的教学成果和人才培养经验，系统研讨并设计了网络工程专业课程体系和专业实践教学体系及其教学实施方案。

围绕研究主题，研究小组前后开展了多次讨论，确定了本书的大纲并进行了分工，由徐明撰写了第1章；徐明、姚丹霖、胡罡撰写了第2章；曹介南、朱培栋、蔡开裕、毛羽刚撰写了第3章；蔡开裕、毛羽刚、郑倩冰撰写了第4章；曹介南、陈颖文、任浩撰写了第5章；蔡志平、胡罡撰写了第6章。

项目小组通过定期召开会议明确研讨专题，根据阶段性进展与所发现的问题及时调整研究方向与重心。两年中，历经筹划、论证、撰写、征求意见和修改与润色，最终形成了本研究报告。本报告可以说是多年来本校网络工程专业教学改革实践与研究成果的汇集。

参加本书第4章课程标准编辑与撰写工作的老师还包括：宁洪、殷建平、唐玉华、熊岳山、徐锡山、周会平、罗宇、毛新军、赵文涛、刘芸、姜新文、肖晓强、周丽涛、夏戈明、任江春、彭立宏、戴斌、刘真、李暾、王苏峰、侯方勇等。

作者还整理了近年来国内外刊物和会议上数十篇有关网络工程专业课

程体系、计算机网络课程教学等方面的研究文献供读者参考。

本书最后由徐明、曹介南进行修订与统稿。

研究报告结构与各章简介

研究报告共分为6章。

第1章前言：主要介绍研究背景、研究动因、研究目标和研究过程。

第2章网络工程专业需求分析：主要阐述网络工程专业发展的历史与现状、网络工程专业人才培养现状，调查分析网络工程专业人才需要，在此基础上明确了网络工程专业人才的培养目标与能力类型，并对网络工程专业人才的知识、能力与素质三要素的关系进行分析与论证。

第3章网络工程专业课程体系设计：对网络工程专业知识体系、知识领域、知识单元和知识点进行分析与论证，在此基础上制定了网络工程专业课程体系及教学实施计划和选修指南，并与相关专业的课程体系进行对比与分析。

第4章网络工程专业课程标准：对网络工程专业的主要专业基础课和专业课的性质，地位，主要知识领域、知识单元和知识点，实验内容及教学参考资料等逐一进行了介绍，可供各相关学校制定教学大纲时借鉴与参考。

第5章网络工程专业实践教学体系设计：主要涉及网络工程专业课内与课外两大实践性环节。实践体系中设计了包括验证类、操作配置类、设计类在内的40多个课内实验，覆盖主要专业基础课和专业课内容以进一步巩固课内知识。为了加强网络工程专业6种专业能力的训练，还设计了

6个综合课程设计项目(project)。实践体系还对自主性与创新性实践、毕业实训/实习以及毕业设计等环节进行了研究与探讨。

第6章国外大学网络工程或相近专业课程体系解读：以使读者能对世界一流大学网络技术学科发展、网络相关课程教学内容与方法有一个较为全面的认识。

本书还附录了三份材料，具体是：

附录A　ACM/IEEE Computing Curricula 2005——计算机科学与技术专业知识体系摘要；

附录B　本科毕业设计文档模板；

附录C　计算机网络人才培养与需求调查表。

致谢

一直以来，周兴铭院士、卢锡城院士十分关心网络工程专业的发展，并对网络工程专业人才培养、网络技术学科建设工作给予了许多指导和帮助，在此，作者衷心感谢两位院士的教诲！

本书始终得到国防科技大学计算机学院领导，特别是窦文华、王志英、王怀民等教授的关心、支持和帮助；国防科技大学计算机学院龚正虎教授、宁洪教授、苏金树教授、张春元教授审阅了本书初稿，并提出了许多宝贵的修改意见。在此，作者向各位领导和同事表示衷心的感谢！

在成书过程中，教育部计算机科学与技术专业教学指导分委员会主任李晓明教授、秘书长蒋宗礼教授、解放军理工大学陈鸣教授、香港理工大学曹建农教授、清华大学徐明伟教授、湖南大学李仁发教授、中南大学陈志刚教授和王建新教授、中山大学张军教授、东北大学王兴伟教授、华中科技大学王天江教授、温州大学施晓秋教授等也提出了许多宝贵的修改意见。在此，作者一并向各位专家和教授表示衷心的感谢。

由于时间、精力等多种因素制约，加之网络工程专业涉及领域宽，网络科学、网络理论、技术与应用发展十分迅速，以及作者水平有限，不当与错误之处在所难免，欢迎读者不吝指正。

本项研究工作得到了国家教育部“质量工程”计算机科学与技术实践教学改革课题、全国高等学校教学研究中心“基于科学思维模式的计算机网络课程的建设与创新”课题、湖南省普通高等学校教学改革研究课题、国防科技大学“十一五”教育教学研究课题、清华大学出版社教学研究课题等课题资助。

作　者

2011年8月

目录

第 1 章　绪论 ………………………………………………………… 1

1.1　研究背景 ………………………………………………………… 1
1.2　研究动因 ………………………………………………………… 2
1.3　研究目标 ………………………………………………………… 8
1.4　研究过程 ………………………………………………………… 9
1.4.1　人才需求调研与分析 …………………………………… 9
1.4.2　课程体系设计与论证 …………………………………… 9
1.4.3　征求意见与修改定稿 …………………………………… 10
1.5　研究报告的结构 ………………………………………………… 10

第 2 章　网络工程专业人才需求分析 ……………………………… 11

2.1　网络技术发展历史、应用现状与未来趋势 …………………… 11
2.2　网络工程专业的历史与现状 …………………………………… 14
2.3　网络工程专业人才培养与需求调查 …………………………… 22
2.4　网络工程专业人才的能力分析 ………………………………… 33
2.4.1　网络工程专业人才能力构成 …………………………… 34
2.4.2　网络工程专业能力描述 ………………………………… 35
2.5　网络工程专业的人才培养目标 ………………………………… 37
2.6　知识、能力和素质三要素的关系 ……………………………… 37
2.6.1　网络工程专业知识体系 ………………………………… 38
2.6.2　网络工程专业人才能力与知识关系 …………………… 40
2.6.3　网络工程专业人才的素质要求 ………………………… 41

目录

2.7 小结 …… 43

第3章 网络工程专业课程体系设计 …… 44

3.1 课程体系设计原则 …… 44
3.2 网络工程专业知识体系 …… 47
3.2.1 网络工程专业知识领域 …… 47
3.2.2 网络工程专业核心知识单元 …… 48
3.3 网络工程专业课程体系结构设计 …… 71
3.4 网络工程专业课程体系设计 …… 73
3.4.1 公共基础课程 …… 75
3.4.2 专业基础课程 …… 76
3.4.3 专业必修课程 …… 77
3.4.4 专业选修课程 …… 78
3.4.5 专业实践课程 …… 79
3.4.6 培养目标与课程对应关系 …… 79
3.4.7 主要课程之间逻辑结构 …… 80
3.5 与相近专业课程体系对比分析 …… 82
3.5.1 与计算机专业课程体系对比分析 …… 83
3.5.2 与通信工程专业课程体系对比分析 …… 88
3.5.3 与电子工程专业的关系 …… 90
3.6 课程体系实施计划 …… 90
3.6.1 课程教学实施计划 …… 90
3.6.2 实践教学实施计划 …… 96
3.6.3 各类课程比例分析 …… 97

目录

3.6.4 课程选修指南 …… 98
3.6.5 课程体系特色 …… 102
3.7 小结 …… 105

第4章 网络工程专业课程标准 …… 106

4.1 专业基础课 …… 106
4.1.1 信号分析与处理 …… 106
4.1.2 模拟电子技术基础 …… 108
4.1.3 数字电子技术基础 …… 113
4.1.4 数字系统设计 …… 116
4.1.5 嵌入式系统 …… 119
4.1.6 Linux 操作系统 …… 122
4.1.7 汇编语言 …… 124
4.1.8 离散数学 …… 127
4.1.9 程序设计 …… 131
4.1.10 算法设计与分析 …… 135
4.1.11 数据结构 …… 139
4.1.12 计算机原理 …… 142
4.1.13 数据库原理 …… 145
4.1.14 操作系统 …… 149
4.1.15 软件工程 …… 152
4.1.16 数据通信原理 …… 157
4.1.17 无线通信与网络 …… 159

目录

4.1.18 现代通信系统 …… 162
4.2 专业课 …… 165
4.2.1 计算机网络 …… 165
4.2.2 网络路由与交换技术 …… 168
4.2.3 网络工程 …… 171
4.2.4 接入网技术 …… 174
4.2.5 Internet 协议分析 …… 176
4.2.6 网络编程技术 …… 180
4.2.7 网络管理 …… 183
4.2.8 网络安全 …… 186
4.2.9 网络性能评价 …… 189
4.2.10 信息系统集成 …… 191
4.2.11 面向对象程序设计 …… 195
4.2.12 Web 系统与技术 …… 197
4.2.13 传感网与物联网技术 …… 200
4.3 小结 …… 203

第5章 网络工程专业实践教学体系设计 …… **204**

5.1 课内实验 …… 204
5.1.1 验证类实验 …… 205
5.1.2 操作配置类实验 …… 205
5.1.3 设计类实验 …… 206

目录

5.2 综合课程设计 …… 213
5.2.1 嵌入式网络设备开发综合课程设计 …… 214
5.2.2 网络协议设计与实现综合课程设计 …… 214
5.2.3 网络应用系统设计与开发综合课程设计 …… 215
5.2.4 网络工程综合课程设计 …… 216
5.2.5 网络系统管理与维护综合课程设计 …… 217
5.2.6 网络安全防范综合课程设计 …… 218
5.3 学科与专业竞赛 …… 219
5.4 自主创新研究 …… 223
5.4.1 专业课内自主研究学习 …… 223
5.4.2 创新研究与实验 …… 224
5.5 实训与实习 …… 225
5.6 毕业设计 …… 226
5.7 小结 …… 229

第6章 国内外大学网络工程或相近专业课程体系解读 …… **230**

6.1 斯坦福大学（Stanford University） …… 230
6.2 麻省理工大学 MIT（Massachusetts Institute of Technology） …… 232
6.3 加州大学伯克利分校（UC Berkeley） …… 234
6.4 澳大利亚昆士兰大学（University of Queensland） …… 237
6.5 澳大利亚国立大学（Australia National University） …… 248

目录

附录A　Computing Curricula：计算机科学与技术专业知识体系摘要 …… **253**

A.1　Overview of The Computer Science Body of Knowledge …… 254
A.2　Overview of The Computer Engineering Body of Knowledge …… 255
A.3　Overview of The Software Engineering Body of Knowledge …… 258
A.4　Overview of The Information Technology Body of Knowledge …… 259
A.5　The Information System Body of Knowledge …… 261

附录B　本科毕业设计文档模板 …… **263**

B.1　毕业设计任务书模板 …… 263
B.2　开题报告模板 …… 267
B.3　指导记录表模板 …… 270
B.4　毕业论文模板 …… 271
B.5　毕业论文评阅表模板 …… 283
B.6　成绩评定表模板 …… 286

附录C　网络工程专业人才培养需求调研表 …… **288**

参考文献 …… **293**

第1章 绪 论

1.1 研究背景

众所周知，计算机网络诞生于20世纪60年代，50年来，计算机网络及其相关技术高速发展，网络规模不断壮大，网络应用层出不穷，人类社会信息化水平不断提高，从根本上改变了现代社会的存在与运行方式，也改变了人们的工作、生活和思维方式。当今社会，大到国民经济各个领域，小到每个人工作、日常生活和娱乐，处处都离不开信息技术和计算机网络技术，并且这种趋势还在不断向更广的领域、更深的层次、更高的要求发展。一个国家的计算机网络及信息化相关设施已成为其重要基础性设施，计算机网络的规模、带宽、安全性、可靠性、用户数量及信息化深度和应用水平等是影响一个国家或地区政治、经济、军事、科学与文化发展的重要因素，是衡量一个国家的综合国力和科学技术水平的重要标志。可以毫不夸张地说，如果离开了信息化和计算机网络，现代文明社会将不可想象。

2006年，中央政府发布了《2006—2020年国家信息化发展战略》，该报告指出，我国信息化已进入全方位、多层次的推进阶段，信息化成为覆盖现代化建设全局的战略举措。“十五”以来，我国信息产业以2～3倍于国民经济的增长速度高速发展，信息产业增加值占GDP的比重由1998年的2.01%提高到目前的6%以上。据2009年国家电子信息产业经济运行公报显示，2009年电子信息产业收入占全部工业收入的比重为10%，信息产业已成长为国民经济的战略性、基础性和先导性支柱产业之一，对推动国民经济和[illegible]会发展起着举足轻重的作用。产业的高速发展带动了人才队伍规模的不断壮大，2009年我国电子信息产业从业人员规模约为755万人，占全部工业从业人员的9%左右，具体数据如表1-1所示。2010年信息产业从业人员队伍规模已达到约900万人（电子信息产品制造业、网络与软件业约750万人，电信业150余万人），其中专业技术人员达到25%左右，管理人员达到10%，市场及服务人员达到15%左右，技能型工人约50%。

表1-1　2008—2009年电子信息产业主要指标在工业中比重

主要指标	2009年		2008年	
	数据	占全部工业比重	数据	占全部工业比重
业务收入	51305　亿元	10.0%	51253　亿元	12.0%
利润	1791　亿元	6.0%	1703　亿元	5.6%
税金	664　亿元	8.4%	586　亿元	9.3%
从业人员	755　万人	9.0%	760　万人	8.5%

随着社会的发展和网络应用水平的进一步提高，当前的电信网、广播电视网、计算机网络正在逐步融合，传统上人与人之间通过互联网联系正在拓展到人与物、物与物之间的全方位沟通和交互。建立在网络技术（尤其是互联网）基础上的信息化系统已成为社会发展必不可少的基础性部分，网络技术的应用已深入到人们的工作、学习、生活的各个方面，社会对网络技术专业人才的需求也与日俱增。大量数据表明，社会需要大量从事网络系统规划、设计、建设、网络应用开发与网络管理与维护、网络安全保障等方面的高级专业技术人才。作为高等院校，如何与时俱进，根据自身的条件和网络工程专业的培养目标，培养满足不同行业、不同岗位需求的网络工程专业人才，成为一项紧迫而又重要的战略任务。

1.2　研究动因

我国大学专业的设置经历了20世纪50年代苏联模式的“窄口小类”划分方式和“文革”后西方（特别是美国）模式的“宽口大类”划分方

式，如计算机科学与技术一级学科最初设置硬件、软件两个专业，后来归并为一个专业。经过数十年发展，计算机科学与技术专业已是世界范围内的热门专业，也是中国目前最大的工科专业，目前该专业全国高校在读的研究生、本科生超过100万人。长期以来，计算机网络属于“计算机体系结构”二级学科下的一个三级子学科（亦有将其置于“计算机应用”二级学科之下的）。大多数时候，网络工程作为计算机专业的一个专业方向进行建设。随着时间的推移，大学按“宽口大类”设置专业也暴露出专业过宽、过泛，技术不专等问题，不适应专业性要求高的用人场合。为此，1998年，教育部颁布的《普通高等学校本科专业目录》首次将网络工程专业纳入专业目录体系，目录编号为080611W（W指目录外专业）；2001年11月，教育部下发了《关于做好普通高等学校本科学科专业结构调整工作的若干原则意见》，本科专业数量又有了较大的变化，相关专业又新开设了软件工程、网络工程、信息安全、电子商务、电子政务等专业；2010年5月，教育部又批准开设了物联网工程专业（080640S）；2011年4月，教育部《普通高等学校本科专业目录》（修订二稿）已将网络工程纳入正规目录体系，编号改为080903。上述专业既有以一级学科或者以下的二、三级学科命名的，也有原学科分类目录外的新专业（以W结尾）和小范围内试点的专业（以S结尾）。因此，我国目前专业的划分属于“宽口大类”与“窄口小类”并存的局面。据不完全统计，迄今全国已有290多所高等院校开设有网络工程专业，亦陆续有不少大学成立了网络工程系。网络工程专业已跻身于全国高校的大型理工科专业行列。

网络工程专业是在计算机网络技术及互联网应用得到迅猛发展的背景下提出的，不过，在专业名称、培养目标、专业能力和专业课程设置上还有不同的看法。例如，就网络工程专业的名称，有专家认为容易让人片面地理解为组网工程，没有概括网络工程过程中涉及的网络技术的全部内容，因此有不少专家建议将“网络工程”改为“网络技术”，并将“网络技术”提升为一级至少应该是二级学科（与软件工程、信息安全等专业平级），我们也赞同这一建议，并认为这是网络技术发展所需，只有这样，网络工程专业（下面的研究报告中仍使用该名称）才有发展和壮大的空间，才能主动适应并促进计算机网络技术的发展。目前已有许多大学开始将网络工程的培养目标、教学内容进行了拓展，以适应更广泛的网络应用需要。

在国际上，数十年来，美国电气和电子工程师协会（IEEE）和美国计算机学会（ACM）一直在研究并发布计算机专业指导性教学计划，试图规范计算机科学与技术领域的教学理念与教学行为，在世界范围内具有较大影响。其中早期影响较大的指导性教学计划包括 ACM 68 课程体系、ACM 78 课程体系、IEEE-CS'83 教程，近年又提出了几个比较有名的教学参考方案，如 Computing Curricula'1991、Computing Curricula'2001。2001 年 IEEE 和 ACM 建立计算学科教学计划联合工作组，推出了计算教程 Computing Curricula 2001（简称 CC'01）；2005 年，ACM/IEEE 推出了 CC'05，且还在不断更新中。在 CC 定义的计算教程中，将计算机科学与技术专业划分为计算机科学（Computer Science，CS）、计算机工程（Computer Engineering，CE）、软件工程（Software Engineering，SE）、信息技术（Information Technology，IT）与信息系统（Information System，IS）等 5 个专业方向，并为每个方向制定了指导性的培养方案，在世界范围内具有较大影响，为计算科学与技术专业的教育与教学奠定了良好基础。

2006 年，我国教育部高等学校计算机科学与技术教学指导委员会以 CC'05 为基础发布了《高等学校计算机科学与技术专业发展战略研究报告暨专业规范（试行）》，近年又陆续出版了信息技术、信息系统两个专业方向的规范与专业建设研究报告。人们通常认为，网络工程属于 CC'05 方案中的信息技术方向与信息系统方向的结合部分。不过，通过对 CC'05 计算教程的各专业方向知识体系进行解读发现，无论哪个专业方向均不足以反映目前网络技术的发展现状及网络工程专业的全貌。

首先，在 CC 建议的课程体系中，将计算机网络技术相关的知识单元和知识点分散在计算机科学与技术的 5 个方向中，如表 1-2 所示。

表 1-2　计算机网络相关的知识单元在 CC 各专业方向的分布情况

专业方向	网络相关的知识单元	网络相关的知识点
计算机科学(CS'2008)	网络中心计算(Net Centric Computing)	• Types of networks • Core network components • TCP/IP model • Physical layer:wired and wireless connectivity • Data link layer:Ethernet • Network layer:IP,IP addressing and routing • Transport layer:TCP • Application layer:core Internet application protocols • Network security and security devices • The Internet as a key networking platform • Network device configuration • Collective intelligence • Peer-to-peer networking • Social networking
计算机工程(CE'2004)	计算机网络(Computer Networks)	• History and overview • Communications network architecture • Communications network protocols • Local and wide area networks • Client-server computing • Data security and integrity • Wireless and mobile computing • Performance evaluation • Data communications • Network management • Compression and decompression • Networked embedded systems
软件工程(SE'2004)	操作系统与网络(Operating Systems and Networking)	• Introduction to net-centric computing • Introduction to networking and communications • Introduction to the WorldWide Web • Network security

续表

专业方向	网络相关的知识单元	网络相关的知识点
信息技术(IT'2008)	网络(Networking)	• Network foundations • Routing & switching;Physical layer • Network management • Security • Network application areas
	Web系统(Web Systems)	• Scripting techniques • Integrative coding; • Web technologies; • Information architecture; • Digital media; • Web development • Vulnerabilities
信息系统(IS'2010)	网络中心计算(Net Centric Computing)	与计算机科学(CS)相同

上述做法使得计算机网络的知识领域、知识单元和知识点过于分散，整体逻辑上比较牵强，网络系统化亦不够好。我们以为在网络技术迅速发展、网络应用日益普及的今天，已不能很好体现网络技术专业的内涵和外延。

其次，即使在CC'05“信息技术”专业方向，其主要关注的是网络技术的应用，尤其是Web系统和技术，再加上系统管理、维护与设计等内容；而“信息系统”专业方向主要关注的是信息系统的开发、集成与管理，这两个专业方向均很少涉及网络系统规划、设计与施工、网络的管理与维护、网络与信息安全等内容，更未涉及网络设备与网络协议的设计与开发。

因此，网络工程专业目前缺少必要的、科学合理的专业教学规范，其培养目标、专业能力、知识领域、课程体系等诸多方面的独特性无法得到准确、全面的描述。

网络工程专业人才培养规范的缺失不利于网络技术人才培养目标的定

位、培养质量的评价，最终将不能满足社会各行业对网络技术人才的需求，亦不利于网络工程专业自身的发展，这一问题已引起了网络工程专业教育各方的重点关注。事实上，随着网络工程专业的设立，有关规范的研究工作一直在进行中。2005年，华南理工大学完成了一项网络工程专业规范研究的开拓性报告，并在一定范围内进行了研讨。2009年，南京理工大学完成了“网络工程专业知识体系及课程群研究报告”。该报告梳理了网络工程学科的知识范畴，网络工程学科的方法论，对网络工程人才培养目标和课程体系进行了的研究。当然，还有许多高校的教授就网络工程专业规范的各个方面进行了很好的研究，发表了高水平的教学研究论文，本书参考文献中罗列了相关教学研究论文。

众所周知，网络工程专业内涵和外延大大拓展，既有网络设计与开发方面的科学理论与技术，也有网络工程层面的规划、设计、建设、管理与维护技能，网络安全更是贯穿在网络系统规划、设备开发的全过程，也贯穿于网络的物理层、链路层、网络层、传输层以及应用层等各协议层。网络系统既与计算机系统及一般信息系统有一定的相似性，又具有显著的独特性。随着网络技术的不断发展和网络应用的日新月异，这些独特性日渐丰富并自成体系。因此，原有的计算机科学与技术专业培养方案、课程体系并不能准确反映网络工程专业技术人才的培养需要。针对用人单位及相应工作岗位对网络工程专业在知识、能力和素质方面的要求进行必要的梳理，对网络工程专业的知识领域、核心知识单元、课程体系及实施计划等进行研究，旨在为高等院校网络工程专业推荐一个可供参考的课程体系，是本研究报告的基本出发点。

国防科技大学作为一所中央军委直属的985重点大学，在国内外计算机相关的科研与教育领域有很高的声誉。该校计算机学院在全国较早开展计算机网络领域的科研和教学实践，并于2003年设置网络工程专业，2004年成立网络工程系，目前已有6批次网络工程专业学生毕业，在网络工程专业教学方面积累了一定的经验，取得了显著的教学成果。2007年，该校为计算机专业和网络工程专业开设的“计算机网络”课程被评为湖南省精品课程和国家精品课程；2009年，该校计算机学院负责建设的网络工程专业被评为湖南省高校特色专业。2010年，该校网络工程专业教学团队被评为国家级教学团队。此外，该团队还出版了《计算机网络》（普通高等教育“十一五”国家级规划教材），取得了多项高水平科研成果与教学研究与改革成果，开发了计算机网络辅助教学系统。

随着网络技术渗透到人类社会的各个层面，新的网络应用不断被推出，那么，网络工程专业人才的需求情况究竟如何？未来5～10年，各行各业需要什么样的网络人才？国内高等院校所培养的网络工程专业人才能否完全满足这些需求？这是高等院校计算机网络教育界普遍关心的问题。

为此，我们对所培养的网络工程专业毕业生进行了全面跟踪，设计了网络工程专业人才需求调查表，并发往国内外包括政府、军队、科研院校等事业单位和一般企业、IT企业和网络设备生产厂家等企业单位和IT行业资深专家。通过对回收的问卷调查进行分析和整理，我们获得了翔实的第一手数据；此外，我们还对国内外相关院校的网络工程专业或相近专业的培养方案、课程体系进行了跟踪、对比和分析。这些都为我们制定网络工程专业人才课程体系提供了重要的依据。

1.3 研究目标

本项研究工作的主要目标旨在明确高等院校网络工程专业人才培养目标与定位，明确网络工程专业人才的技术与技能需求，据此论证网络工程专业知识领域、确定核心知识单元，在此基础上制定网络工程专业课程体系和教学实施计划，供高等院校网络工程专业教学参考。

主要内容包括：

(1) 分析整理网络工程专业人才培养与需求调查反馈表，结合国外一流大学网络工程及相关专业课程教学跟踪与分析情况，重新定位网络工程专业人才培养目标，明确网络工程专业方向及人才的能力需求与素质需求；

（2）对网络工程专业知识领域、核心知识单元进行分析与论证；

（3）制定网络工程专业课程体系，明确网络工程专业的公共基础、专业基础、专业必修和专业选修课程的组成及这些知识对专业能力和素质的支撑作用；

（4）制定网络工程专业课程标准、实践教学体系及其教学实施计划。

1.4 研究过程

我们的研究从2008年开始，时间跨度为两年半。整个研究过程分成了人才需求调研与分析、课程体系设计与论证、征求意见与修改定稿3个阶段。

1.4.1 人才需求调研与分析

设计问卷调研表，涵盖用人单位对网络工程专业人才在知识、能力、素质等方面的现状与未来需求情况。

调研对象包括网络价值链涉及的网络设备生产商、应用平台提供商、服务提供商、网络系统集成商、网络运营商以及一般企事业单位、高等院校、研究机构、军队与政府部门等单位，重点调研这些单位对网络工程专业人才的使用现状及对技术、技能的要求。

此外，还对部分国外知名大学的网络工程专业或相近专业（专业方向）的本科生或研究生的人才培养目标、培养模式、课程体系及实施计划进行了专题调研和分析。

1.4.2 课程体系设计与论证

系统地分析了ACM/IEEE Computing Curricula'05，重点分析了信息系统与信息技术两个方案，掌握与网络工程专业培养目标相关的知识体系与课程设置情况。结合人才需求调研报告和知名大学课程体系解读情况，对网络工程专业的知识领域、对应的核心知识单元和知识点进行了分析与论证，对照国内外一流大学相关专业的课程体系设置情况，采用层次结构和模块化方法设计了网络工程专业的课程体系及实践课程体系，并制定了专业核心课程的课程标准和教学实施计划，形成重点大学网络工程专业示范课程体系研究报告。

1.4.3 征求意见与修改定稿

规范初稿形成后，在全国第三届计算机网络教学研讨会上进行讨论与交流，并向若干所重点大学发出初稿征求研究报告修改意见，并由此形成第二版至第五版。

征求意见第二阶段，重点向国内外一流大学多位网络方向知名专家教授征求修改意见，根据他们的反馈进一步修改完善。

可以说，本研究报告既是我们多年教学研究工作的总结，也是国内外多所一流大学网络技术人才培养的经验与成功做法的总结。

1.5 研究报告的结构

本研究报告共包括六章及三个附录，分别为：

第 1 章　绪论

第 2 章　网络工程专业人才需求分析

第 3 章　网络工程专业课程体系设计

第 4 章　网络工程专业课程标准

第 5 章　网络工程专业实践教学体系设计

第 6 章　国内外大学网络工程或相近专业课程体系解读

附录 A　Computing Curricula 2005——计算机科学与技术专业知识体系摘要

附录 B　本科毕业设计文档模板

附录 C　网络工程专业人才培养需求调研表

参考文献

第2章　网络工程专业人才需求分析

2.1　网络技术发展历史、应用现状与未来趋势

计算机网络技术在过去的40年中快速发展，极大地改变了社会的存在方式与世界经济的增长模式，直接或间接地为人类社会创造了巨额的财富。互联网技术是20世纪最伟大的发明和工程技术成就之一，其历史可追溯到20世纪60年代早期的J. Kleinrock提出的分组交换技术。1969年，DARPA建立了实验性网络ARPAnet，目的是使本地计算机与远程计算机通过通信协议连接起来，实现异种主机之间的通信，使科研人员进行远程资源的共享。1973年，V. Cerf和B. Kahn为ARPAnet设计了TCP/IP互联协议并放弃该协议的专利权，这使网络应用的开发者都不约而同地选择了开放的TCP/IP协议作为网络通信协议，客观上使TCP/IP协议成为了行业内网络互联的参考标准，从而奠定了今天的互联网（Internet）的基础架构。20世纪70年代后期，ARPAnet节点数量由最初的4个发展到了60多个，在地域上跨越了美洲大陆，并通过卫星通信技术实现了与夏威夷和欧洲等地的计算机系统互联，自此以后，ARPAnet所接入的主机数以及所产生的影响成指数级快速增长，并演变成了今天的庞大的互联网系统。

1993年，万维网（World Wide Web，WWW）技术问世，世界上第一款Web服务器和浏览器由任职于欧洲核子研究中心的工程师T. B. Lee完成开发，不久之后，功能更强、性能更好、使用更方便的浏览器和搜索引擎不断推出，使互联网一跃登上世界舞台并成为了信息时代的主角。借助于Web技术，网络互联与信息服务结合起来，创造了一个全新的网络

信息世界（Cyber Space），并让现实世界中的不同国家、不同民族、不同年龄的网民通过互联网连接在一起，方便地进行信息交流、资源共享、电子商务、网络娱乐等活动。如今，万维网已成为浩瀚的信息海洋，并构成现代信息社会的基础设施，促使全球经济一体化的进程不断加快。据统计，全世界互联网用户总数目前达到18亿，而目前典型的网络应用包括网络新闻（如新浪、搜狐等）、电子邮件（如网易、Hotmail等）、搜索引擎（如谷歌、百度、Yahoo等）、文件下载（迅雷等）、即时消息（腾讯QQ、微软MSN等）、交友（Facebook、Twitter等）、网络游戏（盛大游戏等）、网络电话（Skype等）、网络视频（YouTube、土豆网等）、网络博客（新浪博客、搜狐博客等）、维基百科、网上地图（谷歌地图等）、网上旅馆预定（携程网等）、网上购物（当当网、淘宝网等）、在线数字图书馆（万方数据等）以及网上银行（工商银行、招商银行等）和网上证券交易（泰阳证券、中信证券等）等。这些网络服务的推出，催生了许多新型经济实体，也加快了互联网经济时代的到来。

1994年，中国教育科研网CERNET接入国际互联网。尽管当时带宽只有区区64Kbps，却标志着中国正式成为国际互联网的成员和用户。截至2005年，仅中国教育科研网就拥有光纤干线超过30000km，覆盖全国31个省（市）的200多座城市，主干网传输速率达到2.5～10Gbps。

在IT产业界，产生了以华为、中兴、联想等为代表的世界级网络设备生产厂家以及新浪、百度、腾讯、淘宝等大型网络服务公司和数以万计的中小型IT企业，创造了大量的就业机会和巨大的社会财富。

2011年7月，中国互联网络信息中心（CNNIC）发布了《第28次中国互联网络发展状况统计报告》。报告显示，截至2011年6月底，我国互联网普及率上升至36.2%，与2010年相比提高了1.9个百分点，网民规模达到4.85亿，其中手机网民达到3.18亿；微博用户数量以高达208.9%的增幅从2010年年底的6311万爆发式增长到1.95亿，成为用户增长最快的互联网应用模式。2011年，基于互联网的电子商务交易额超过4万亿元，与此同时，数字认证、电子支付、物流配送等专业化服务体系正在形成。

近年来，汇聚计算机、网络工程、通信、微机电工程、社会学、管理科学与工程等在内的人机物融合计算系统（Cyber-Physical System，CPS）引起了广泛的关注。CPS 通过各类网络系统（包括互联网、传感器网等）与客观物理世界交互，达到人类社会、信息网络与物理世界之间的完美融合，从而展现未来网络信息空间的美好发展前景。

与此同时，具有“自治组网、协同感知”特征、旨在实现人与人、物与物、人与物之间有效的信息检测、传递与控制的物联网技术成为网络技术的一个新亮点。物联网被认为是信息产业第三次浪潮的支撑性技术，通过射频识别（RFID）、红外终端、GPS、扫描仪器等智能传感设备，按约定的协议，把任何物品与互联网连接起来，通过人与人、物与物、人与物的信息交换以实现智能化的识别、定位、跟踪、监控和管理，实现人机物的有机结合，进一步提高社会生产力和资源利用率。

在此背景下，2010 年 6 月，胡锦涛主席在两院院士大会上的讲话中指出，要抓住新一代信息网络技术发展的机遇，创新信息产业技术，以信息化带动工业化，发展和普及互联网技术，加快发展物联网技术。在第十一届全国人大三次会议政府工作报告中，温家宝总理指出，大力培育战略性新兴产业，积极推进广播电视网、电信网、互联网三网融合取得实质性进展，加快物联网技术的研究与应用。所有这些都为网络工程专业的进一步发展提供了良好的契机。

另一方面，进入 21 世纪，随着网络规模的持续扩大和新业务需求不断增长，互联网的发展遇到了许多挑战，如 IPv4 地址空间不足问题、网络安全性和可信性问题、网络带宽与服务质量问题等，已经成为制约信息网络更进一步发展的重要因素。于是，IPv6 技术、无线网络技术、千兆网络技术、量子通信技术、全光网络技术等新型网络与通信技术成为网络领域的研究热点。

为此，对数据通信、下一代互联网、物联网、三网融合等网络与通信技术进行研究与应用，实施国家信息化战略，将为我国经济与社会的长期可持续发展提供创新平台，对发展知识经济、调整产业结构、扩大内需、创造就业机会、增强我国在信息网络领域的整体实力和国际竞争力，实现科技强国的目标具有重要的战略意义。

综上所述，随着网络技术的不断发展，网络系统的不断完善、网络应用的不断扩大和深入，基于网络技术的信息产业将获得巨大的发展机遇，信息产业将成为国民经济重要的增长点。面对着信息网络产业的这种发展机遇与挑战，需要大力开展网络工程专业高等教育，进一步提升网络工程专业人才培养质量，培养一大批网络工程专业各类技术人才，以满足社会对网络工程专业人才在知识、能力与素质方面的需求。

2.2 网络工程专业的历史与现状

网络工程专业是在计算机科学与技术、通信等专业或专业方向基础上经过发展逐渐形成的专业，自20世纪90年代以来，其专业目标、专业内涵不断丰富。作为一个跨学科（计算机科学与技术、通信学、电子学等）、实用性强、服务面广的专业，网络工程专业涵盖了局域网、城域网、广域网、互联网、无线网络与移动通信、传感网与物联网以及社交网络等多个领域。网络工程专业毕业生可以从事上述领域中网络新技术、网络设备、网络协议、网络应用系统相关的设计、开发、生产、工程、集成、管理与维护、安全保障以及教学与培训等一系列多层次的工作。

信息产业的高速发展促进了高等院校网络工程专业的快速成长，从1998年教育部颁布本科专业规范，并明确了网络工程专业的培养目标以来，许多高校新开设了网络工程专业。2001年，全国有12所高校开办网络工程专业，2002年上升到18所。2003—2009年是该专业快速发展阶段，据中国教育信息网上公布的数据显示，到2010年底，据不完全统计，全国已有290多所高等院校开办了网络工程专业，许多学校还专门设立了网络工程系或组建了网络工程专业教学团队。设置网络工程专业的部分学校如表 2-1 所示（其中带 * 为全国重点大学）。

表 2-1 全国设置网络工程专业的部分高等学校一览表
（截至 2010 年底）

所在地区或所属	院校数	学校名称
北京	5	北京邮电大学*、中国矿业大学*、北京信息科技大学、北方工业大学、华北科技学院
天津	6	天津工业大学、天津科技大学、天津理工大学、天津财经大学、天津职业技术师范大学、天津城市建设学院
河北	15	华北电力大学*、河北工业大学*、河北理工大学、河北大学、河北科技大学、河北经贸大学、河北师范大学、石家庄铁道大学、邯郸学院、邢台学院、河北科技师范学院、华北科技学院、北华航天工业学院、防灾科技学院、石家庄经济学院
山西	4	太原科技大学、山西大同大学、太原工业学院、中北大学
内蒙古	1	内蒙古农业大学
辽宁	17	大连理工大学*、大连海事大学*、辽宁工程技术大学、大连民族学院*、沈阳航空航天大学、鞍山科技大学、辽东学院、大连工业大学、辽宁工业大学、大连交通大学、沈阳师范大学、辽宁科技大学、辽宁科技学院、沈阳化工学院、大连理工大学城市学院、沈阳理工大学应用技术学院、大连东软信息学院
吉林	7	北华大学*、长春大学、长春工业大学、长春理工大学、长春工程学院、吉林建筑工程学院、吉林农业大学发展学院
黑龙江	5	黑龙江大学、齐齐哈尔大学、哈尔滨理工大学、大庆师范学院、黑河学院
上海	10	华东理工大学*、东华大学*、华东交通大学、上海理工大学、上海第二工业大学、上海海事大学、上海应用技术学院、上海电机学院、上海师范大学天华学院、同济大学同科学院

续表

所在地区或所属	院校数	学校名称
江苏	12	解放军理工大学*、南京信息工程大学*、江苏大学*、南京理工大学、南京邮电大学、中国矿业大学、南京农业大学、南通大学、常熟理工学院、三江学院、淮海工学院、金陵科技学院
浙江	6	杭州电子科技大学、浙江师范大学、浙江工商大学、浙江传媒学院、丽水学院、宁波工程学院
安徽	12	安徽大学*、解放军电子工程学院*、安徽工业大学、安徽农业大学、安徽建筑工业学院、淮北师范大学、安徽科技学院、合肥学院、巢湖学院、滁州学院、宿州学院、安徽大学江淮学院
福建	9	福州大学*、华侨大学、集美大学、福建师范大学、福建工程学院、厦门理工学院、漳州师范学院、三明学院、仰恩大学
江西	11	南昌大学*、江西农业大学*、华东交通大学、江西理工大学、江西师范大学、江西财经大学、南昌航空大学、赣南师范学院、东华理工大学、宜春学院、江西城市职业学院
山东	17	济南大学、青岛大学、曲阜师范大学、华北水利水电学院、山东工商学院、山东建筑大学、山东科技大学、山东农业大学、青岛理工大学、聊城大学、德州学院、鲁东大学、潍坊学院、青岛滨海学院、临沂师范学院、菏泽学院、枣庄学院
河南	14	郑州大学*、解放军信息工程大学*、河南大学*、河南科技大学、河南理工大学、郑州轻工业学院、中原工学院、郑州航空工业管理学院、洛阳师范学院、河南师范大学、安阳工学院、南阳理工学院、黄河科技学院、周口师范学院
湖北	15	中国地质大学*、海军工程大学*、武汉科技大学*、武汉纺织大学、湖北工业大学、武汉工程大学、武汉工业学院、中南民族大学、黄冈师范学院、湖北经济学院、咸宁学院、武汉科技大学中南分校、长江大学、江汉大学、黄石理工学院

续表

所在地区或所属	院校数	学校名称
湖南	14	国防科学技术大学*、湘潭大学*、长沙理工大学*、湖南科技大学、吉首大学、湖南工学院、湘南学院、湖南文理学院、湖南人文科技学院、南华大学、怀化学院、邵阳学院、湖南工程学院、湖南城市学院
广东	19	中山大学*、华南理工大学*、暨南大学*、华南师范大学*、华南农业大学*、广东工业大学、广东外语外贸大学、茂名学院、广州大学、广东技术师范学院、惠州学院、佛山科学技术学院、肇庆学院、仲恺农业技术学院、五邑大学、嘉应学院、电子科技大学中山学院、华南农业大学珠江学院、吉林大学珠海学院
广西	5	广西大学*、桂林电子科技大学、广西民族大学、桂林理工大学、河池学院
海南	3	海南大学*、华南热带农业大学、琼州学院
重庆	4	重庆大学*、西南大学*、重庆邮电大学、重庆理工大学
四川	11	四川大学*、西南交通大学*、电子科技大学*、西南大学*、西南民族大学、成都大学、四川师范大学、西南石油大学、成都信息工程学院、四川理工学院、攀枝花学院
贵州	1	贵州大学*
云南	5	云南大学*、云南农业大学、云南师范大学、云南民族大学、楚雄师范学院
陕西	16	西北工业大学*、西安电子科技大学*、长安大学*、解放军西安通信学院*、空军工程大学*、西安理工大学、西安科技大学、西安石油大学、陕西科技大学、西安工程大学、西安工业大学、西安邮电学院、渭南师范学院、陕西理工学院、西安培华学院、西安欧亚学院
甘肃	3	青海师范大学、青海民族大学、兰州交通大学博文学院
宁夏	3	宁夏大学*、北方民族大学、宁夏理工学院

目前高等院校网络工程专业发展的现状如何？是否符合当前国家和社会的发展要求？是否满足各行各业对网络专业人才的需求？网络工程专业的建设与发展应该采取什么对策与措施？这些问题值得高等院校网络工程专业教育从业者和主管部门深入研究和探讨。

经过十多年的发展，网络工程专业教学积累了一定经验，也培养了一大批社会急需的网络技术人才，为信息产业的发展做出了巨大的贡献，在规模上，网络工程专业的教育已经实现了跨越，从原来的一个专业方向已发展成为全国性的大专业，为各行各业培养了一大批网络工程专业技术人才，在生源和毕业去向上不存在太大的问题。

在网络工程专业发展过程中，问题主要集中表现在专业定位以及由此产生的专业课程体系规范建设方面。在各个高校开设网络工程专业之时，正是国内企事业单位网络工程项目建设蓬勃发展的时期，当时人们对网络工程专业人才培养的定位主要侧重于组网工程的建设者、网络系统的管理与维护者。但随着时间的推移，用人单位对组网的需求逐渐下降，而网络管理与维护工作又逐渐被一般大学、职业技术学院甚至职高的毕业生占据。同时，信息化社会网络人才的多样性、规模性的需求有增无减，供需之间出现了问题，重点大学网络工程专业的发展似乎进入了尴尬的境地。究其原因，主要是一直以来，重点大学对网络工程专业狭窄地定位在“工程型”人才，网络工程专业只关注了组网工程的建设环节，没有把网络设备设计与开发、网络协议设计与开发、网络应用系统开发、网络安全等内容纳入进来，系统地进行课程体系与实践环节设计。毕业生仅面向工程型岗位，只具备基本的网络规划、设计、构建、管理、维护等方面的能力。

为此，许多有识之士建议提升计算机网络的学科地位，从原来隶属于计算机科学与技术的系统结构下的三级学科提升为计算机科学技术下的二级学科或更高，并更名为网络技术（Network Technology，NT)，同时将原来的网络工程专业更名为网络技术专业，从而更具包容性，更有利于网络技术的发展和网络技术人才的培养。

此外，各重点大学网络工程专业发展是不平衡的，其传统优势、师资状况、科研基础、专业历史沿革以及办学条件各不相同，网络工程专业培养目标也不尽相同，专业课程的设置存在较大差异，有的学校偏重基础理论，有的学校过于偏重于建网，有的偏重于网络安全，不一而足。但这些差异的存在不能作为不需要专业规范的借口。

人们不禁要问，网络工程专业毕业的学生应该具备哪些专业素质与专业能力？应该包括什么样的知识体系和哪些核心知识单元？应该开设哪些核心专业课程？应该进行哪些实践环节的训练？知识单元与能力存在什么样的对应关系？网络工程专业与计算机、信息安全、通信工程、物联网工程等专业差异在何处？重点大学与一般大学之间的专业定位又在哪里？

因此，如何根据网络技术的发展和用人单位需求的变化适时调整网络工程专业培养目标的定位、确定专业能力需求和知识体系、制定合理的课程体系和教学计划、适时更新教学内容、创新教学模式及方法与手段、加强教学资源特别是实践环节的教学资源建设以及师资队伍建设，形成一个科学、合理、可操作的网络工程专业教学示范体系，是目前摆在我们面前的一个迫切问题。

综上所述，我们认为，目前网络工程专业的建设主要存在以下问题：

- 重点大学网络工程专业定位太低，与一般大学、职业技术学院培养目标重叠，能力局限于组网工程，千人一面，特色不明显；
- 网络工程专业方向不明确，课程体系不规范，知识、能力和素质各要素设计不科学，知识面不宽广；
- 与计算机等专业的课程体系及能力培养区分度小，网络技术特色不突出；
- 部分高校在网络工程专业的办学思路、培养模式、办学特色上模糊不清，造成网络工程专业的发展方向和建设上的不确定性；
- 网络工程专业毕业的学生适应能力、学习能力有待提高，从事专业技术研究、产品设计与开发的后劲不足，发展空间受限，综合素质有待提高。

针对上述问题，首先必须对网络工程专业人才培养目标和能力进行重新定位，使之覆盖网络设备的设计与开发、网络协议的设计与开发、网络工程规划设计与实施、网络应用系统开发以及网络系统的管理与安全等方面，即面向网络工程的整个生命周期。根据上述定位，确定网络工程专业的知识体系，研究并制定新的网络工程专业课程体系和实践教学体系，以指导、规范网络工程专业的教学与实践。各院校可根据自己的办学条件和特色，在专业方向、能力要求、课程设置、教学大纲与教学计划等方面有所侧重和创新，最终提高网络工程人才培养的质量和水平。

其次，在网络工程专业人才队伍的培养方面，需要调整优化人才队伍的层次结构，提高领军人才、高层次研究人才、高水平技能人才占人才队伍比例，使高、中、低端人才协调发展，形成以研发人才、工程技术人才、技能人才队伍为主体，管理、市场及服务人才队伍规模适度的信息产业人才梯队。为此，不同类型的学校在网络工程专业培养目标定位上需要进行区分与互补，如图 2-1 所示。对于重点大学的网络工程专业（更准确地说应该是“网络技术”专业）而言，应侧重于网络技术的研究、网络产品与网络应用系统的设计与开发，同时兼顾网络组网工程、网络管理与网络安全等相关技术，主要培养网络技术、网络互联设备、网络应用系统相关的科学研究与系统设计型人才；对于一般大学的网络工程专业，应侧重于网络应用系统的设计与开发、网络组网工程等相关技术，同时了解网络设备的工作原理及网络管理与网络安全相关技术，主要培养基于网络特别是互联网络的新型网络应用系统的应用开发型人才；对于职业院校的网络工程专业，应侧重于网络组网工程技术、网络管理与维护技术，同时了解网络设备的工作原理、网络应用系统的工作流程原理，主要培养网络工程实施、网络管理与维护类型的人才。

第三，进一步强化实践能力与创新能力的训练与培养。专业知识的教育可以在院校进行，但在专业实践方面，需进一步通过“行业＋企业＋专业”校企共建专业模式，搭建“校企合作、产学结合”教学平台，大胆创新教学改革，以人才市场需求为依据，以提高专业能力和职业素养为宗旨，以加强技能考核为手段，提高学生的专业技能，培养高素质的专业技术人才。信息产业具有升级更新换代快的特点，因此在人才（特别是研究型人才）培养方面，必须加强创新能力的培养，使学生将来具有自主创新、自主发展能力，只有这样，才能在未来的就业岗位上不被淘汰，处于不败之地。

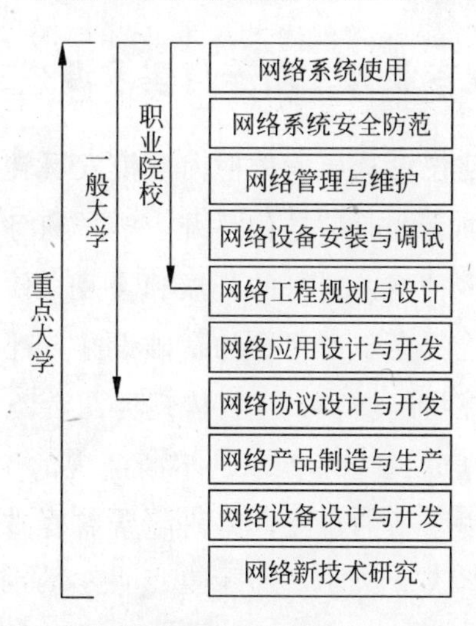

图 2-1　各类学校网络工程专业定位

第四，专业教育主管部门应根据实际情况与各学校和业界加强沟通，促进人才培养模式更加合理，避免人才供需的不确定性和盲目性，导致网络某些领域或某些类型的网络人才过剩必须转行，而某些网络领域或类型的网络人才的需求长期不能满足，使许多非网络专业毕业生纷纷转入网络行业。也就是说，开设网络工程专业必须符合网络技术发展的规律，符合用人单位对网络人才的需求。具体来说，各高校应该根据自身的特点和优势进行合理定位，人才培养规格可以在科研型、工程型、应用型中选择一个或多个培养规格。对于一些具有良好的学科基础、完善的实践条件、齐备的办学环境和雄厚的师资队伍的高校，可以采取科研型人才培养模式——培养网络技术领域的理论与工程应用结合的高层次科学研究型人才；对于一些具有良好的办学环境和较好的师资队伍的高校，具有一定的学科支撑和工程实践条件的学校，可以采取工程型人才培养模式——采用通识与专业并重的教育方式，培养适合网络工程领域的具有基础厚、口径宽的工程技术型人才；对于其他一些具有较好办学条件和师资队伍但缺少良好科研环境的高校，可以采取职业技能型人才培养模式——以通识教育为主，培养某些专业方向上的应用型人才。

2.3 网络工程专业人才培养与需求调查

目前我国信息化建设已从原来的横向规模发展转变为纵向深度应用发展阶段，电子政务系统、企业信息化系统、电子商务系统、网络教学、网络信息交流与娱乐等多种网上业务的开展和普及，使网络走向社会化、大众化，网络已成为现代社会不可或缺的基础设施。社会对网络技术人才的数量和质量的需求也在持续增长，主要表现为：

(1) 不断扩展的互联网应用需求、不断涌现的IT新技术对网络体系结构及其相关技术提出了新的挑战，科研院所需要高层次的关于网络理论与技术的科学研究后备人才；

(2) 网络设备制造企业和网络应用开发企业迅速崛起，产品更新换代需要大量的网络软硬件研发人才；

(3) 企事业单位基于网络化办公，急需大量的网络系统设计、集成、管理与维护及安全保障人才；

(4) 各行各业的网络应用如雨后春笋般的发展，产生了一系列新岗位、新职业，如网络工程师、网络质量师、网络分析师、网络咨询师、网络游戏开发师、网络安全工程师等；

(5) 迅速增长的IT企业职业经理人需要既掌握网络工程专业技术、同时又熟悉管理科学及法律事务的综合性人才。

近年来，各重点高校网络工程专业毕业生就业率一直稳定在约90%以上，在未来3～5年，网络工程专业毕业生的就业形势仍将好于工科专业毕业生的平均水平，且随着国家信息化工程向纵深推进，高素质、复合型、创新型的技术人员、管理人员、安全维护人员和营销人员的需求日益旺盛，但要求也越来越高。

根据人事部全国人才流动服务中心发布的人才市场供求信息，2005年前，网络工程专业的招聘人数一直名列前 10 位，而求职数量从未进入前 10 位。2009 年，网络工程专业的招聘人数仍位于前 10 位，但求职数量第一次进入了前 10 位。可以预计，在今后的一段时间内，网络工程专业毕业生的供求基本平衡。不过，随着多数行业的网络基本建设的完成，以及近几年网络工程专业招生人数的扩大，将可能面临工程与应用型的人才供大于求、而高水平的科研型人才匮乏的局面。

为了解网络工程专业人才培养质量与人才需求状况，我们进行了问卷调查，调查的主要内容包括用人单位对网络工程专业毕业生工作状况、技术水平、工作能力、发展方向等的意见及评价，以及对网络工程专业学生知识点、能力和素质的要求，调查的单位涉及国内外网络设备生产商、网络运营商、网络服务提供商、科研院所、党政军机关、事业单位以及高等院校等。通过调查以便了解网络工程专业毕业生的适应性，并对未来该专业人才培养目标定位获得有益的反馈。现将调查的结果总结归纳如下。

如图 2-2 所示，我们对被调查单位的性质进行了统计，其中比例占前 3 位的分别是高等院校、IT 设备制造商、应用软件开发商，其他单位还包括一般 IT 企业、电信运营商、企事业单位、政府部门等。

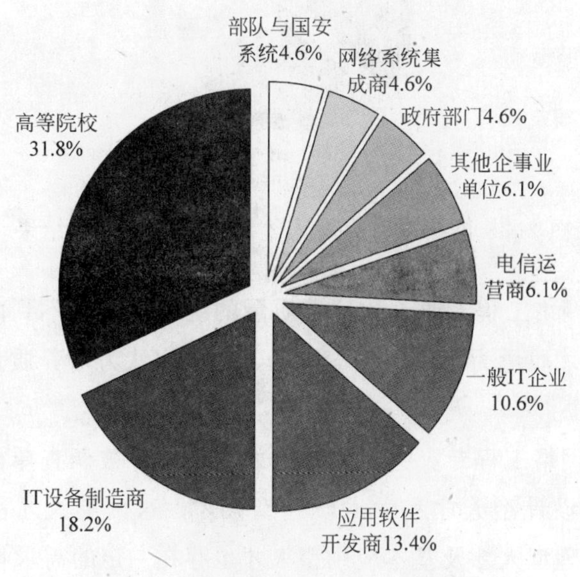

图 2-2　被调查单位行业类型分布

图 2-3 为被调查单位对网络工程专业的了解程度，可见有九成的单位都对该专业比较了解，因此统计结果应该具备较高的代表性。

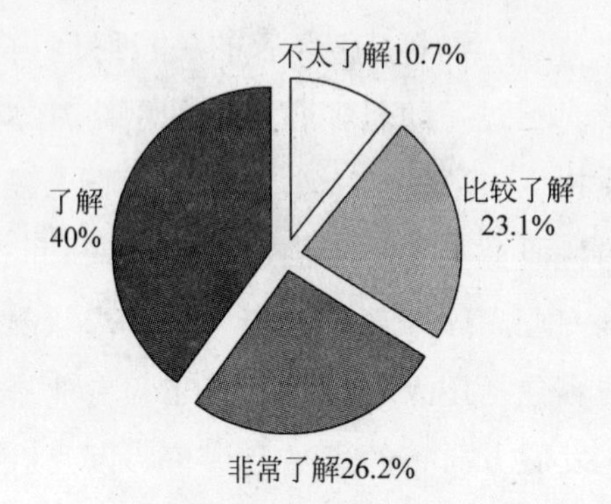

图 2-3　对网络工程专业的了解程度统计结果

图 2-4 为网络工程专业人才培养规模的统计，略超过三成的单位认为人才培养规模适中，其他均认为规模不足、过大或不清楚。

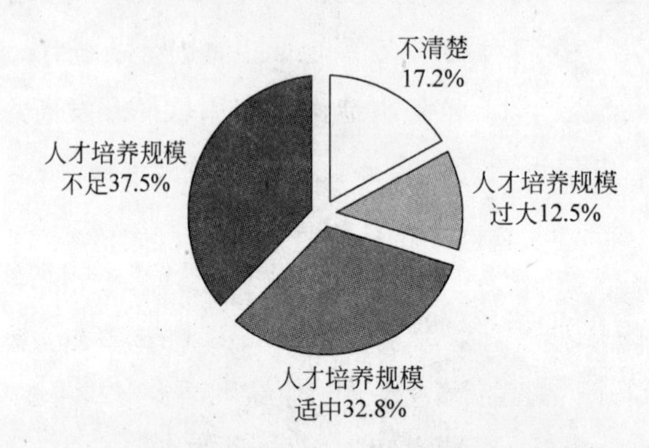

图 2-4　网络工程专业人才培养规模的统计结果

图 2-5 为网络工程专业人才培养质量的统计，只有不到两成的单位认为网络工程人才质量为满足和基本满足，其他均认为培养质量有待提高和培养质量很差。

图 2-6 为网络工程专业主要欠缺人才的统计，被调查单位认为最缺乏的人才为工程设计型人才和学术研究型人才。这两类人才占据七成的比例。而维护管理型人才及基本应用型人才也存在一定的需求量。

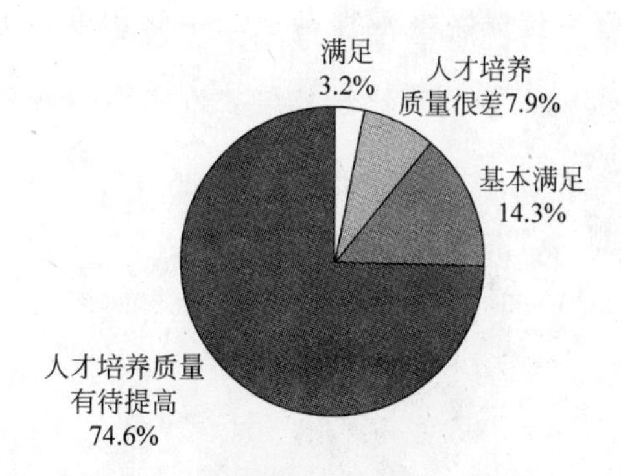

图 2-5 网络工程专业人才培养质量的统计结果

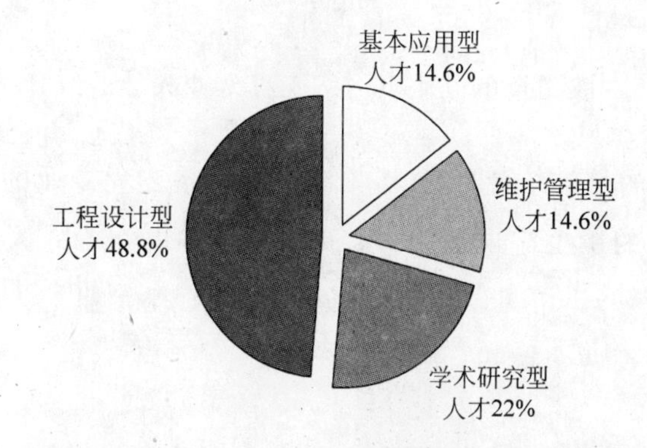

图 2-6 网络工程专业欠缺人才的统计结果

图 2-7 显示的是对网络工程专业的发展前景的统计，只有极少数单位（6.4%）不太看好该专业，超过八成的单位均看好该专业的发展前景。

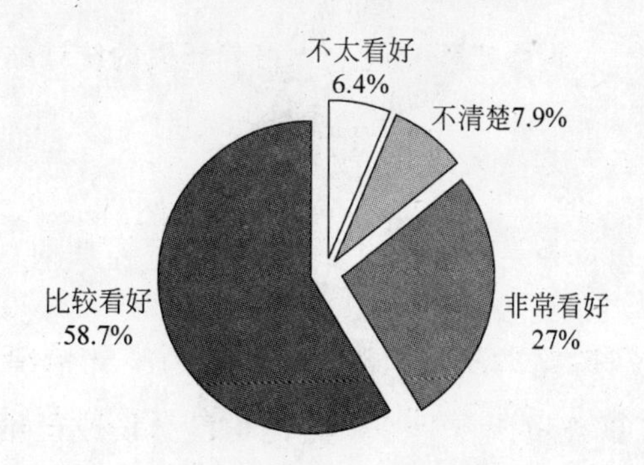

图 2-7 对网络工程专业发展前景的统计结果

图 2-8 显示的是对被调查单位从事网络工程专业人数的统计结果，可以发现从事网络工程的人数分布比较均匀，在各种规模的公司及单位中均存在一定的从业人员。

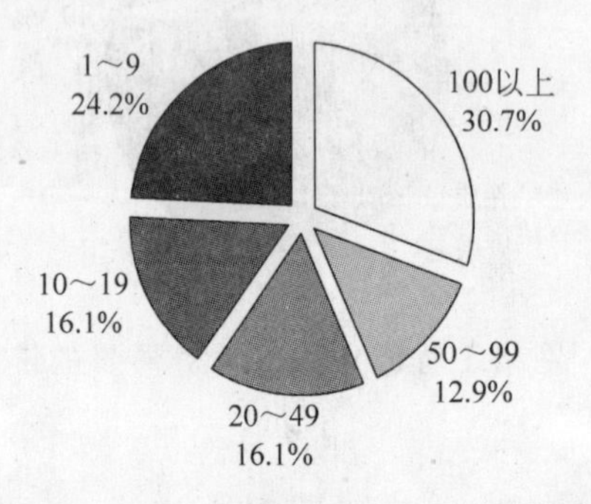

图 2-8 被调查单位从事网络工程专业人数的统计结果

图 2-9 显示的是被统计单位未来 5 年对网络工程专业的需求人数。其分布不均，44％的单位需求较小（1～9），而需求在 100 人以上的单位也占较大比例（27％）。可见，用人单位对网络工程专业的人才需求量集中在小规模和大规模两个极端。

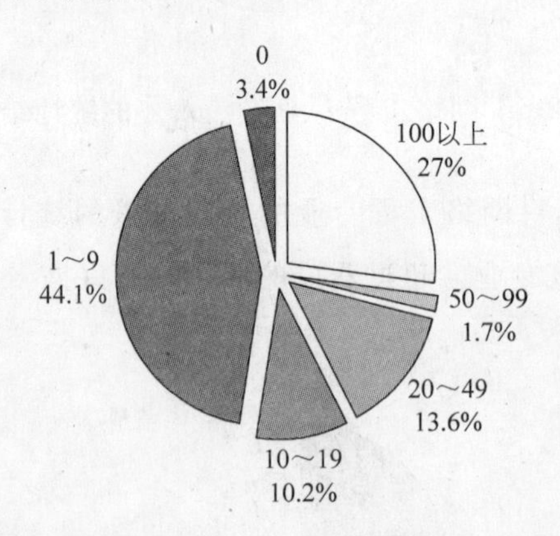

图 2-9 被调查单位未来 5 年希望引进的网络工程专业人数的统计结果

图 2-10 为被统计高校开设网络工程专业的统计情况。除 21.8％的高校在最近几年不打算开设该专业外，其他均已开设或已纳入规划，说明该专业在各高校的专业规划中已具有非常重要的地位。

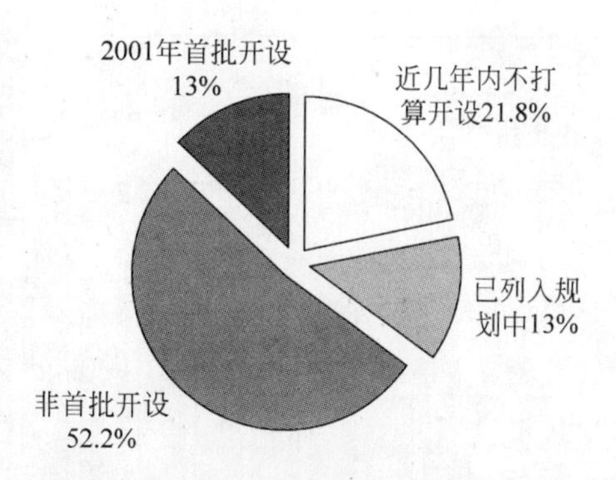

图 2-10　被调查高校开设网络工程专业的统计结果

图 2-11 为各高校网络工程专业开设的公共基础的情况。除数学分析开设的比较少外，开设最多的基础课程为高等代数、大学物理、概率统计、线性代数。图 2-12 和图 2-13 分别是各高校开设专业基础课和专业课的情况。

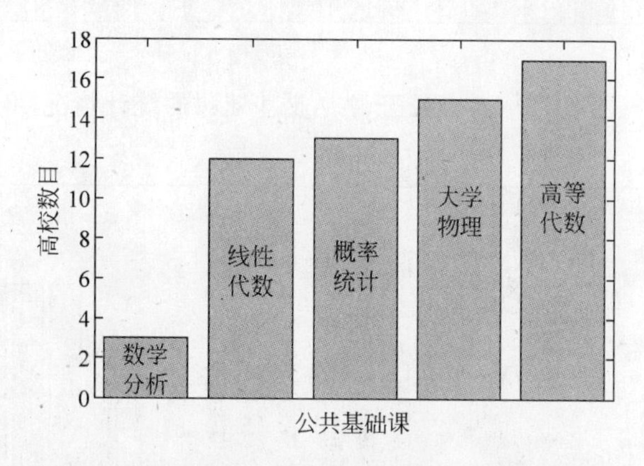

图 2-11　各高校开设公共基础课的统计情况

图 2-14 显示的是非高校单位未来 3～5 年所需人才类型的统计情况，需求最多的为网络工程与计算机软件专业或方向，其次为信息安全与计算机硬件专业或方向。

由图 2-15 可见，90％的高校均认为非常有必要开设网络工程专业，说明网络工程专业已经成为一个非常重要的专业。

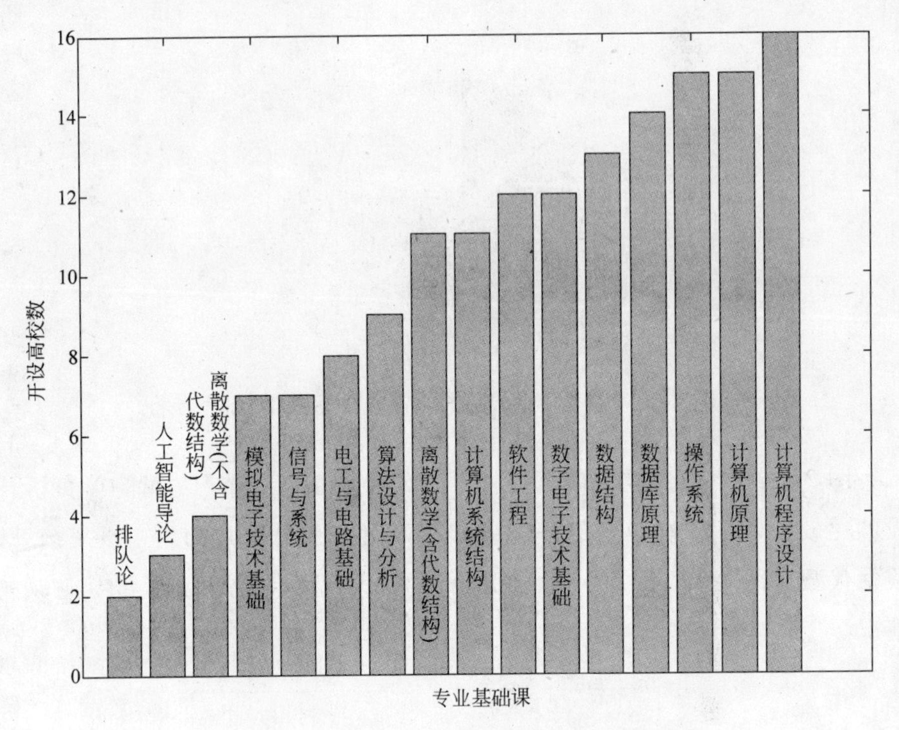

图 2-12　各高校开设专业基础课的统计情况

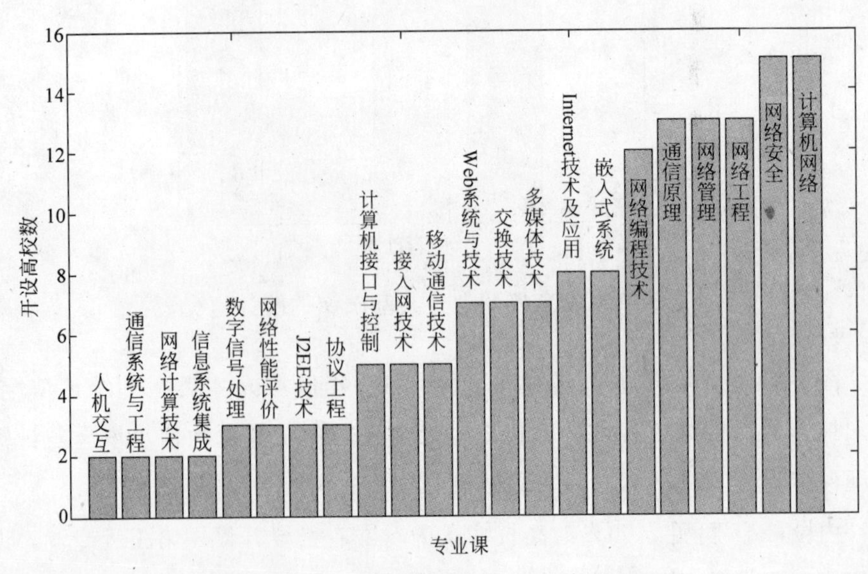

图 2-13　各高校开设专业课的统计情况

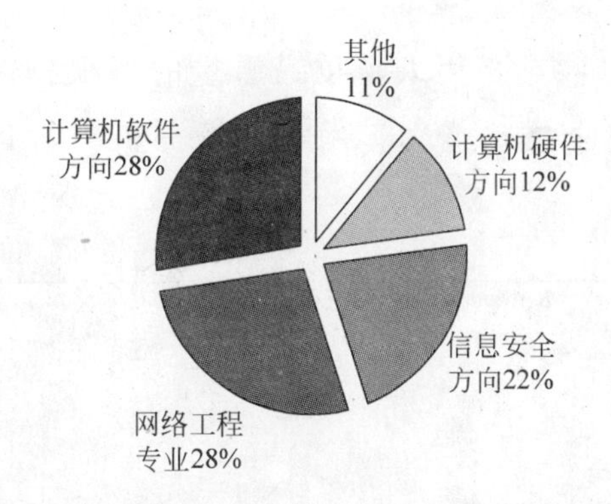

图 2-14　非高校未来 3～5 年所需人才类型的统计情况

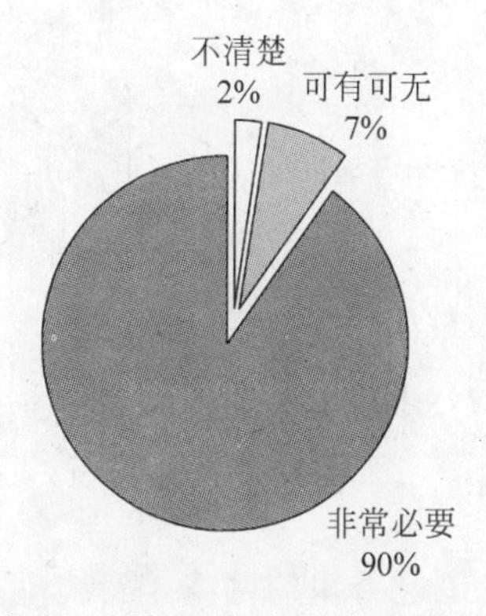

图 2-15　高校开设网络工程专业的必要性统计

由图 2-16 不难看出，只有 20％的单位不愿意与高校开展网络工程专业的人才培养，而其他 80％的单位均愿意以校外实习基地、定向合作培养、联合开展本科毕业设计等形式来完成与高校的联合培养工作。

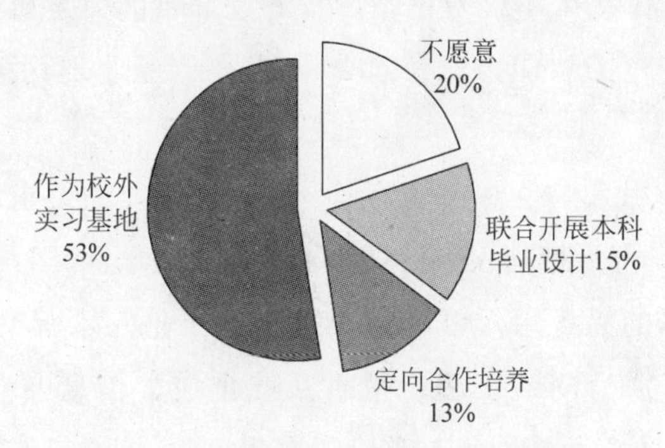

图 2-16　单位与高校联合培养网络工程专业人才的统计

由图 2-17 不难看出，用人单位最看重的四项技能分别为网络系统集成能力、网络安全技术能力、网络系统分析与设计能力、网络编程能力。

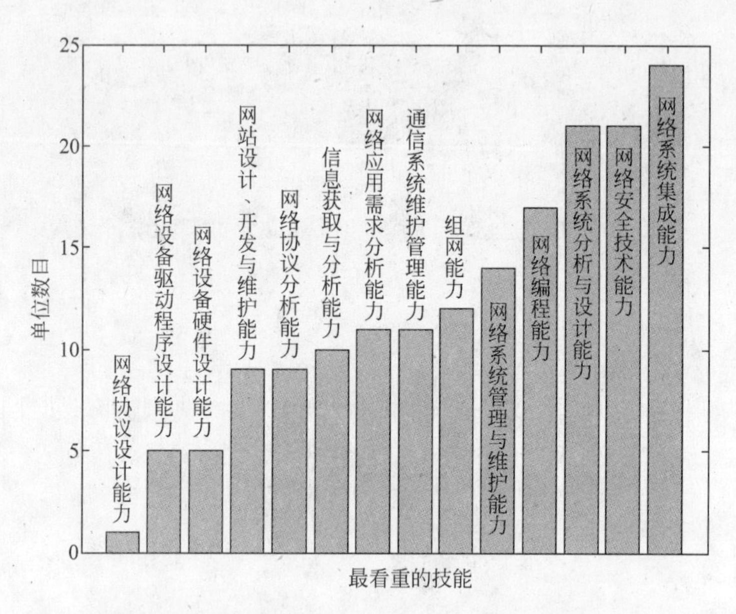

图 2-17　单位最看重的网络工程专业的技能统计

由图 2-18 可以看出，用人单位认为网络工程专业人才必须具备的基础知识最重要的为计算机网络、计算机硬件基础、现代通信技术、网络工程、操作系统、网络系统集成、网络管理、信息安全基础等。

图 2-19 表明了用人单位对网络工程专业综合能力素质的要求，其中最重要的四项能力为实践能力、持续学习能力、专业理论素养、人际交往能力。

图 2-20 为各用人单位对网络工程专业人员素质的要求统计，按重要性分别为专业素质、心理素质、身体素质、人文素质。

图 2-21 所示的为各用人单位对网络工程专业人才所欠缺知识的统计，最欠缺的知识分别为网络工程、网络系统集成、信息安全基础、操作系统、现代通信技术、无线网络与移动通信等。

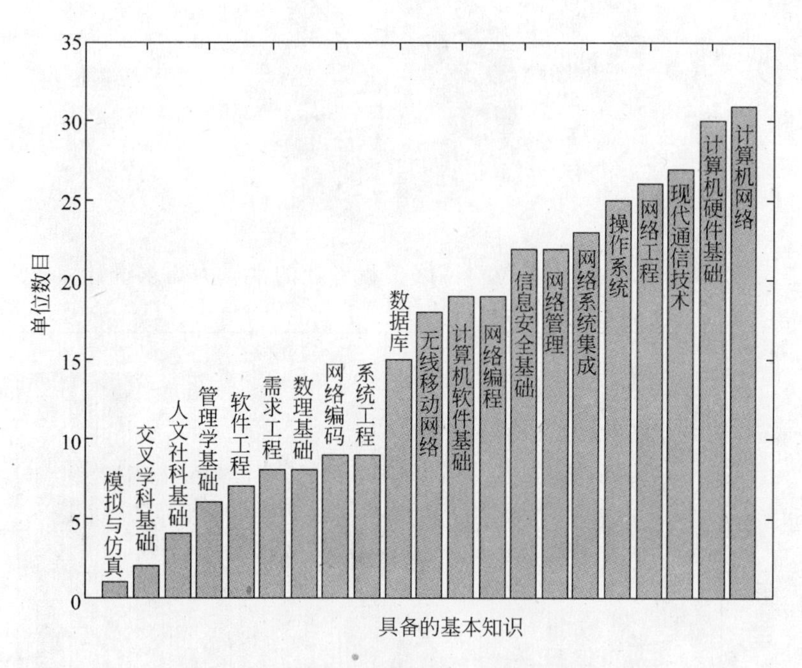

图 2-18 网络工程专业的基本知识统计

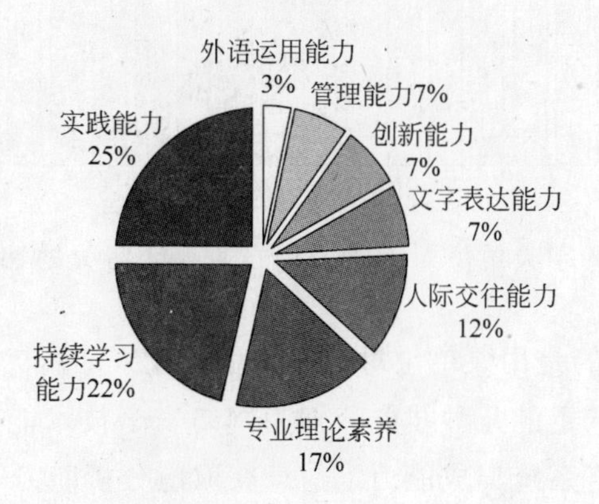

图 2-19 用人单位对网络工程专业的综合能力需求统计

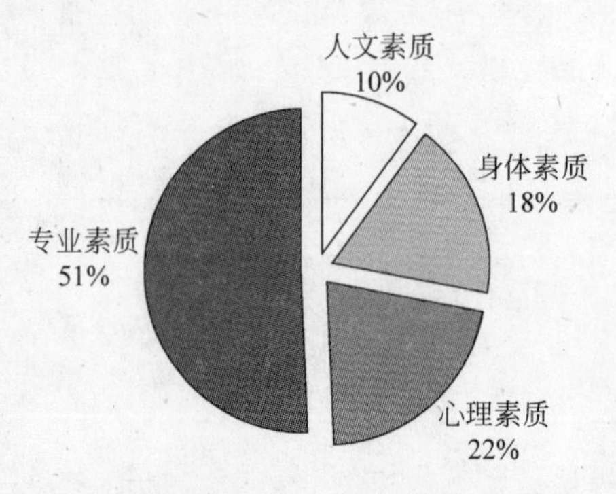

图 2-20　用人单位对网络工程专业的素质力需求统计

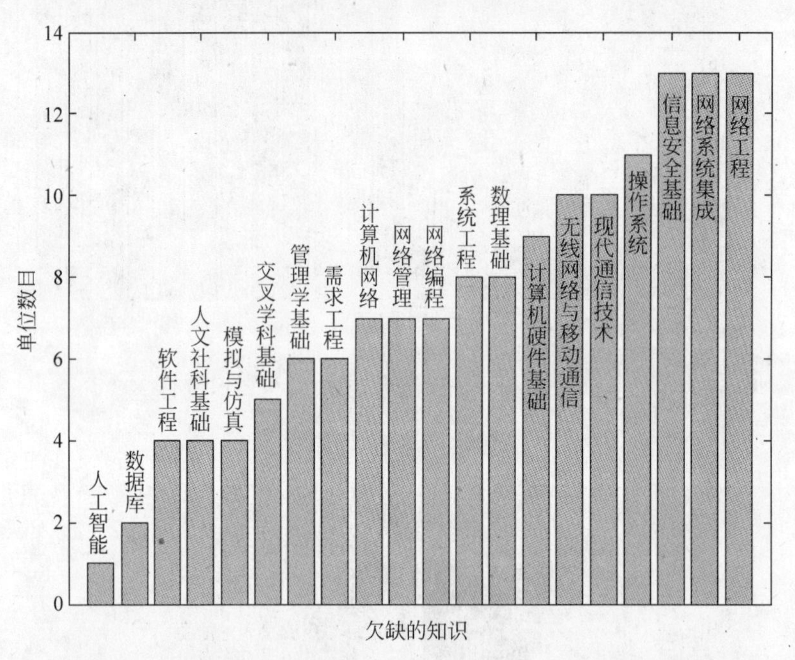

图 2-21　用人单位对网络工程专业人才所欠缺知识的统计

图 2-22 显示的是用人单位对网络工程专业人才所欠缺的基本技能的统计，其中欠缺最严重的几种技能分别为网络安全技术能力、网络系统分析与设计能力，网络系统集成能力、信息获取与分析能力等。

图 2-23 是用人单位对网络工程专业人才所欠缺的综合能力的统计，最缺乏的综合能力分别为实践能力、专业理论素养、持续学习能力、创新能力、文字表达能力等。

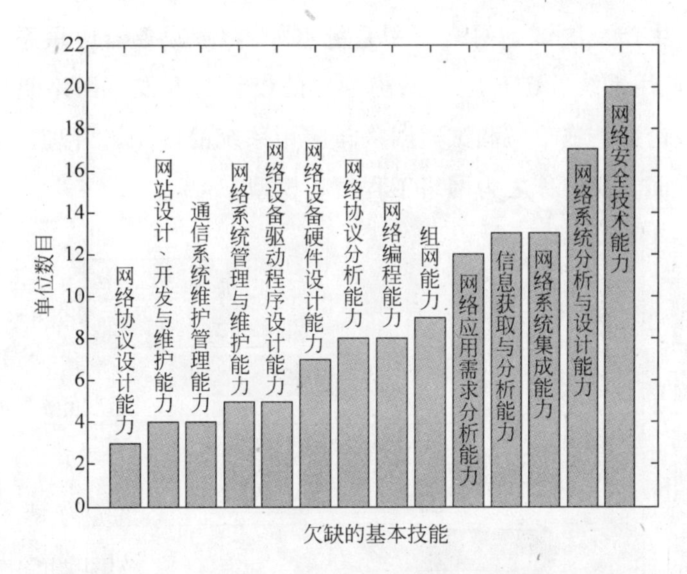

图 2-22　用人单位对网络工程专业人才所欠缺基本技能的统计

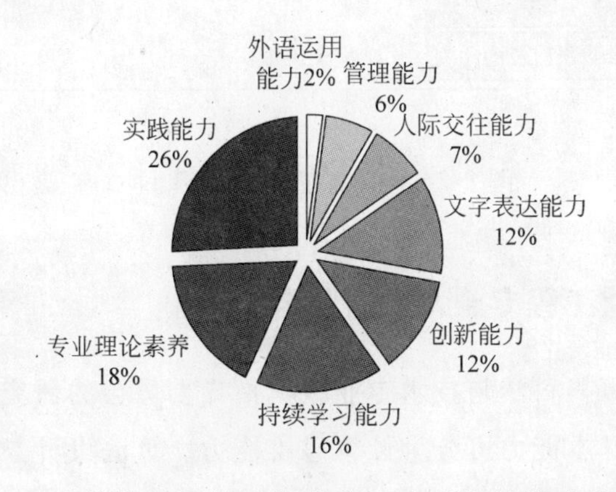

图 2-23　用人单位对网络工程专业人才所欠缺综合能力的统计

2.4　网络工程专业人才的能力分析

通过调查和研究，我们认为，不管是从网络技术本身还是从社会对网络相关技术工作岗位的需求来看，网络技术或网络工程都应包括如图 2-24 所示的主要过程，覆盖网络互联软硬件设备（如交换机、路由器等）的设计、研发、生产、测试，网络应用系统（如客户/服务器应用系统、浏览器/服务器应用系统、P2P应用系统等）的设计与开发，网络组网工程的方案设计、论证、施工与调试，网络与应用系统的使用、管理、维护和安全防范等方面，我们称之为网络工程过程模型。

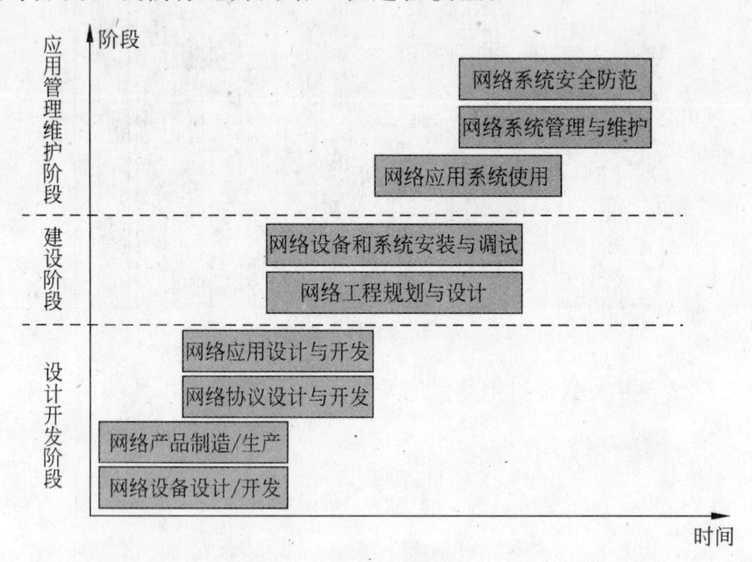

图 2-24　网络工程过程模型

2.4.1　网络工程专业人才能力构成

高等学校计算机科学与技术专业教学指导委员会的研究指出，计算机专业人才的专业基本能力可分为计算思维能力、算法设计与分析能力、程序设计与实现能力、系统能力等4个方面。而网络工程专业的能力与计算机专业能力既有一定的重叠，也有其自身的独特性。围绕图2-24所示的网络工程过程模型所涉及的各个环节，我们对网络工程专业人才的能力进行了调查分析与研究，我们认为，网络工程专业人才的能力可以分解为网络设备研究与设计，网络协议分析、设计与实现，网络应用系统设计与开发，网络工程规划、设计与实施，网络系统管理与维护以及网络系统安全保障等6个方面的能力，如图2-25所示。

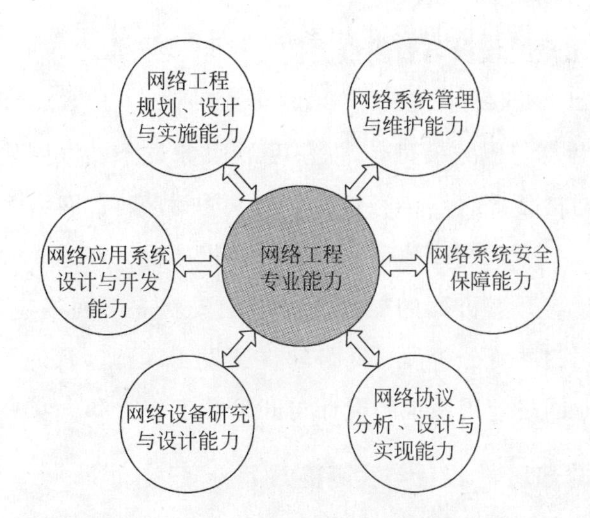

图 2-25 网络工程专业人才的能力结构

2.4.2 网络工程专业能力描述

1. 网络设备研究与设计能力

熟悉网络设备与系统的体系结构和物理层、链路层的工作原理，掌握网络交换机、路由器、防火墙、网络存储、网闸、网关等网络硬件系统的设计与开发方法，具有初步的网络硬件新技术、新产品的研究与设计等方面的能力，将来主要就业于科研院所和网络设备生产厂家的网络硬件设计工程师岗位，从事网络新技术、新设备的研发、设计等工作。

2. 网络协议分析设计与实现能力

熟悉网络协议体系结构，掌握包括局域网协议、广域网协议、TCP/IP 协议、网络安全协议、网络管理协议及其他网络应用协议的工作原理，具有初步的协议分析与设计、协议实现、协议测试与验证等方面的能力，将来主要就业于科研院所和生产厂家的网络系统软件设计工程师岗位，与网络硬件工程师一起从事网络理论、网络新技术、新产品、新协议的研究、设计与实现以及已有网络协议的分析、测试、验证与改进等工作。

3. 网络应用系统设计与开发能力

熟悉 Client/Server（C/S）、Browser/Server（B/S）、Peer to Peer（P2P）等网络计算与服务模型，掌握 Web 服务技术、以网络为中心的计算机技术（如网格计算、网络存储、云计算技术等）、网络多媒体技术以及 socket API、.NET、J2EE 等主流的网络程序设计技术，具有初步的网络应用系统设计与开发方面的能力，将来主要就业于网络应用软件开发、网络服务等公司的系统分析员、网络软件开发工程师、软件测试工程师等岗位，从事行业网络应用系统的设计与开发等工作。

4. 网络工程规划、设计与实施能力

熟悉网络设备与系统的体系结构与工作原理，掌握主流网络设备与系统的安装、配置与使用方法，具有网络拓扑结构设计、网络路由设计、网络服务部署、网络可靠性与安全性方案设计、子网与 IP 地址规划、综合布线方案设计、网络施工方案设计以及网络测试与验收方案设计等方面的能力，将来主要就业于网络系统集成公司的网络组网工程师岗位，从事各行业网络组网工程的方案设计与论证、工程实施与系统集成等工作。

5. 网络系统管理与维护能力

熟悉常见网络设备与系统的工作原理，掌握主流网络管理模型和网络管理系统功能与结构，掌握网络设备与系统的配置管理、故障管理、性能管理、安全管理、计费管理、网络性能评价与优化等技术与方法，具有初步的网络与信息系统的管理与维护能力，将来主要就业于军政机关、企事业单位的信息中心的网络管理员岗位，从事各单位网络日常管理与维护等工作。

6. 网络系统安全保障能力

熟悉信息安全基本理论和常见的网络安全产品的工作原理，掌握主流网络安全产品如防火墙系统、入侵检测系统、漏洞扫描系统、病毒防杀系统的安装配置方法和使用方法，具有从事网络系统安全策略与措施制定、安全系统部署、安全事故预防、监测、跟踪、管理与恢复等方面的能力，具有初步的网络安全系统的设计与开发能力，以满足企事业单位网络安全技术岗位对网络技术人才需求。

2.5 网络工程专业的人才培养目标

网络工程专业的培养目标是培养德、智、体全面发展的，具有深厚专业基础知识和扎实的专业知识，具备较强的网络工程专业能力，能从事网络设备和网络协议的研发、网络工程的规划设计与实施、网络应用系统开发、网络管理与维护、网络安全保障等技术工作，具有良好的人文知识背景、政治思想品德、职业道德素养和团队协作精神的高级网络技术人才，满足我国各行业信息化建设人才的需求。

在培养类型上，网络工程专业人才可以分为科学研究型、工程型和应用型三类。科学研究型人才须具有2.4.2节描述的1、2、3方面的能力，工程型人才须具有4、5、6方面的能力，而应用型人才应具有3、5、6方面能力。为此，网络工程专业课程体系需要针对各类人才的培养目标和能力需求进行订单化设计与个性化培养。

在就业领域方面，科学研究型的网络工程专业毕业学生应能在与网络技术相关的科研院所、网络设备生产厂家、网络软件开发公司与网络服务公司、高等院校等单位从事网络相关理论与技术研究、网络设备、网络协议、网络应用系统等分析、设计、开发以及教育、教学和人才培养等工作；工程型的网络工程专业毕业学生应能在网络系统集成公司、网络服务公司、电信公司等从事网络系统规划、设计、集成及相关市场拓展等工作；应用型的网络工程专业毕业学生应能在政府、军队、企事业单位从事办公自动化网络的管理、维护、安全保障与信息化建设决策支持等工作。

2.6 知识、能力和素质三要素的关系

众所周知，知识、能力和素质是人才培养与人才评价的三个主要因素。我们以为，对于网络工程人才而言，能力是第一位的，知识和素质都应以能力培养为牵引并成为能力的重要支撑，如图2-26所示。

网络工程专业具有工程类专业的一般属性，同时，作为一种新专业在工程实践能力方面有特殊要求。如前所述，我们将网络工程专业的能力需求归纳成6个方面，我们拟以社会需求为出发点，梳理网络工程专业人才的能力结构，并以此理顺知识、能力、素质三要素的关系。

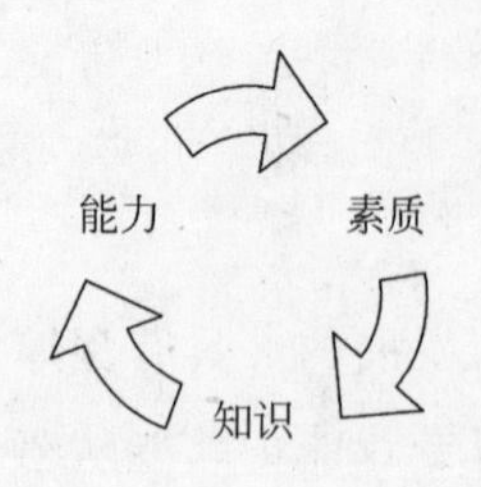

图 2-26　知识、能力和素质三要素

网络工程专业6个方面的能力相当于是6个维度，每个维度除了包含侧重于素质方面培养的公共基础知识外，还要包含侧重于能力培养的专业基础知识和专业知识，每个毕业生要想做到6个维度均有较强的专业能力，就必须完成所有知识的学习，当然是苛刻的，也是不现实的。为此，将知识体系（由课程体系覆盖）划分为公共基础知识、专业基础知识和专业知识，学生通过公共基础知识的学习，在具有了政治思想品德素质、人文素质、职业道德素质、心理素质和身体素质的前提下，再根据用人单位的能力需求、个人爱好特点和发展潜力，对相关专业方向的知识进行学习和实践，进行组合式的能力培养。通过知识的学习、能力的训练和素质的养成，使三者互相促进、协调发展。

2.6.1　网络工程专业知识体系

从CC'91开始知识体系（Body of Knowledge）被分为知识领域（Knowledge Area）、核心知识单元（Knowledge Unit）和知识点（Knowledge Topic）三级进行描述。在该描述体系中，一个知识领域有若干个知识单元，一个知识单元有若干知识点。

由于网络工程专业是在计算机科学与技术、通信技术和电子科学与技术等专业的基础上产生并发展的一个新的专业，因此，一方面，网络工程专业的知识领域与这些专业在计算技术、通信技术、电子技术等方面存在不同程度的交叉与重叠，另一方面，网络工程专业又在网络技术等方面具有自身独特的内容。一般认为，网络工程专业包括计算机科学、计算机工程、软件工程、信息技术、信息系统、网络技术、通信工程、电子工程等相关专业或方向的知识领域。经过梳理，我们认为网络工程专业的知识体系应包括如下24个知识领域：

（1）离散结构

（2）程序设计

（3）算法与复杂性

（4）操作系统

（5）嵌入式系统

（6）数据库系统

（7）软件工程

（8）计算机组织与体系结构

（9）计算机网络

（10）Internet协议

（11）网络设备体系结构

（12）网络工程

（13）网络管理

（14）网络安全

（15）网络编程技术

（16）信息系统集成

（17）信息系统管理

（18）Web系统和技术

（19）信息安全

（20）通信系统

（21）电路与信号

（22）数字逻辑

（23）电子学

（24）社会和职业素养

上述每个知识领域又由若干个知识单元和知识点构成，详情参见第3章3.1节。我们将网络工程专业课程体系分为公共基础课程（数理基础、工程基础、政治理论基础和人文社科基础）、专业基础课程（通信技术基础、电子技术基础、计算技术基础和计算机系统基础）、专业课程（含必修和选修）、专业实践课程等四个层次，并按网络工程专业的网络设计、网络应用、组网工程、网络管理与安全等四个专业方向划分成多个模块。学生根据自己的兴趣爱好和专业能力倾向选修相关的课程模块，这样既避免了知识结构雷同，亦充分发挥学生的主观能动性，详情参见第3章3.2节。

2.6.2 网络工程专业人才能力与知识关系

网络工程专业毕业生需要具备现场实际架设网络、分析网络现状、规划设计解决问题方案、实现规划方案、监测整个方案的执行并及时对故障进行排查的能力。并且能使用通用网络设备进行网络系统的安装、配置和维护，熟悉TCP/IP网络协议和在实际网络环境下的整体应用，掌握基本的网络安全技术。通过以上分析，我们将网络工程专业人才能力分解成六个方面，每一种能力与相关知识对应如下。

1. 网络工程规划、设计与实施能力及其相关知识要求

需要掌握网络系统规划与设计、网络设备的安装与调试、信息系统集成技术等组网工程方面的专业知识，此外，由于组网工程与数据通信领域有着密切关系，所以还需要熟悉数据通信方面、移动通信、光纤通信等方面的专业基础知识。

2. 网络应用系统设计与开发能力及其相关知识要求

需要具有深厚的计算技术基础和计算机系统软件技术基础，同时还需要掌握计算机网络基本原理、面向对象的程序设计语言、Web系统与技术、基于GUI的集成程序开发环境、J2EE技术、.NET技术、网络多媒体技术、网络计算技术、网络存储技术等网络应用软件系统设计与开发方面的专业知识。

3. 网络系统管理、维护与评估能力及其相关知识要求

需要掌握网络管理、网络性能评价、网站设计与维护、计算机故障诊断与维护等方面的专业知识。

4. 网络系统安全防范能力及其相关知识要求

需要具有一定的密码学基础和较强的数学功底，需要掌握网络安全技术、信息安全技术、信息安全法规等方面的专业知识。

5. 网络协议分析与设计能力及其相关知识要求

需要具有深厚的计算技术基础和计算机软件系统基础，同时还需要掌握计算机网络基本原理、局域网协议、广域网协议、互联网协议、Linux操作系统、协议工程、网络应用程序设计等网络软件系统设计与开发等方面的专业知识。

6. 网络硬件设备研发能力及其相关知识要求

除了具有良好的数理和工科基础外，还需要具有电子学、数据通信、计算机硬件系统等方面的专业基础知识，同时还需要掌握网络系统体系结构和工作原理、数字系统设计、嵌入式系统开发、计算机系统工程、汇编语言程序设计等硬件系统设计与开发方面的专业知识。

2.6.3 网络工程专业人才的素质要求

人的素质是指一个人在后天通过环境影响和教育训练所获得的稳定的、长期发挥作用的基本品质，包括人的思想、知识、身体、品格、气质、修养、风度等综合特征。21世纪是知识经济时代，是人类积极、主动利用科学技术的时代，在科技进步过程中，新兴学科、交叉学科、边缘学科以及多学科的研究层出不穷，社会需要复合性的人才。因此，我们在人才理念上应有三个转变：由注重知识教育向加强能力培养教育转变，由应试教育向素质教育转变，由培养狭窄的工具型人才向适应社会发展通用型人才转变。

与其他工科专业相同，网络工程专业人才的基本素质也包括政治思想素质、人文素质、职业道德素质、专业技能素质、心理素质和身体素质等内容，素质的培养主要通过课程体系中公共基础知识的教育来完成。

1. 政治思想素质

政治思想素质教育是其他素质教育的前提，其目标是教育学生如何做人，做什么样的人。一个大学毕业生首先必须政治立场坚定，拥护党的路线方针和政策；必须热爱祖国，具有“祖国利益高于一切”和“国家兴亡、匹夫有责”的政治品格，认识到国家前途与个人命运息息相关，增强社会责任感；必须树立崇高理想，培养高尚情操，养成正确的人生观与价值观；从更高层次上要求，应牢固树立全心全意为人民服务的意识。

2. 人文素质

高等学校是科学、文化、知识的教育基地和传播场所。创造和传播科学文化知识是高等学校肩负的使命。中华文化源远流长，世界文化博大精深，一个大学毕业生必须具有良好的知识结构，深厚的文化底蕴，高雅的文化气质；必须具有较好的口头表达能力、技术文档阅读与写作能力；必须具备良好的人际交往能力和团队协作精神，妥善处理人与人之间的关系，并与他人和谐共处、共同发展。

3. 职业道德素质

在市场经济社会，人人都面临着单位之间的商业竞争、单位内部的岗位竞争的压力，但每一个大学毕业生必须坚持职业道德的底线。首先必须遵纪守法，遵守社会公德，特别是在当今的信息化和知识经济时代尤为重要；其次，科学的问题是严肃的问题，来不得半点的虚伪，一个大学毕业生必须具备实事求是、坚持真理的品格，还必须具有爱岗敬业的精神、严肃认真和一丝不苟、吃苦耐劳的工作作风以及服务社会的意识。

4. 专业技能素质

一个大学毕业生必须掌握本专业的基础知识和专业知识，具备本专业的一种或多种基本技能，能胜任其工作岗位赋予的职责；此外，还必须具有自我学习、自我完善的能力和良好的创新意识，充分认识到专业知识的局限性（有些知识用不上、有些不够用、有些要从头学），适时了解专业技术前沿和发展趋势，敏锐地发现新事物、新需求，积极探索专业的新概念、新技术和新方法，适时调整自己的知识结构、能力结构及行为方式，以适应不断变化的技术和市场需求。

5. 心理素质和身体素质

良好的心理素质和身体素质是一切工作的基础，一个大学毕业生必须具有乐观向上、宽以待人的心态、坚韧不拔的毅力和身体力行的能力，否则，如果身心状况欠佳，即便是满腹经纶、才华横溢，也会遗憾终身。

2.7 小结

本章对网络工程专业人才培养质量与需求情况进行了分析与研究，归纳并描述了网络工程专业应具备六个方面的能力，进一步明确了网络工程专业人才培养目标和定位，对网络工程专业人才在知识、能力和素养方面的要求进行了分析，为网络工程专业课程体系设计提供了依据。

第3章 网络工程专业课程体系设计

3.1 课程体系设计原则

网络工程专业的建立源自于网络技术的发展、网络应用的普及和企事业单位对网络系统建设、管理与维护的强大需求，但作为重点大学的网络工程专业的培养目标又不能局限于单一的“组网工程”需求，应根据各种类型的用人单位对网络工程专业人才在不同层次上的需求，将其知识、能力与素养抽象出来，并按照一定的专业方向对人才进行培养，以满足社会对网络工程专业人才不同层次的技术与技能要求。为此，在制定网络工程专业课程体系时，除了课程体系的组成和课程内容的设置必须反映目前网络理论与网络技术的最新进展情况外，还应该遵循“需求驱动、能力导向、宽厚基础、强化实践”的原则，坚持理论与工程实践相结合，知识与能力并重，强化工程素养训练，培养基础知识扎实、具有较强的分析问题和动手解决问题能力、能从事与网络相关的科研、工程和应用工作的多层次的综合性人才。

1. 需求驱动原则

随着高等教育进入大众化教育阶段，学校人才培养的模式、人才的数量和质量必须紧贴用人单位的最新需求，为此，需要根据包括科研院所、大专院校、军政单位、设备厂家、系统集成公司、软件开发公司及一般企事业单位等在内的各种类型单位对网络工程专业研究型、工程型和应用型人才的技术、技能需求，对网络工程专业的培养目标进行精确定位，明确社会需要什么样的人，这些人需要具备哪些知识、能力和素养，明确网络工程专业的知识体系结构和核心知识单元，并以此制定该专业的课程体系及其实施计划，增强人才培养的针对性。

2. 能力导向原则

根据用人单位对网络工程专业人才能力需求分析和归类，将网络工程专业划分为网络设计、网络应用、组网工程、网络管理与网络安全 4 个专业方向，如图 3-1 所示。

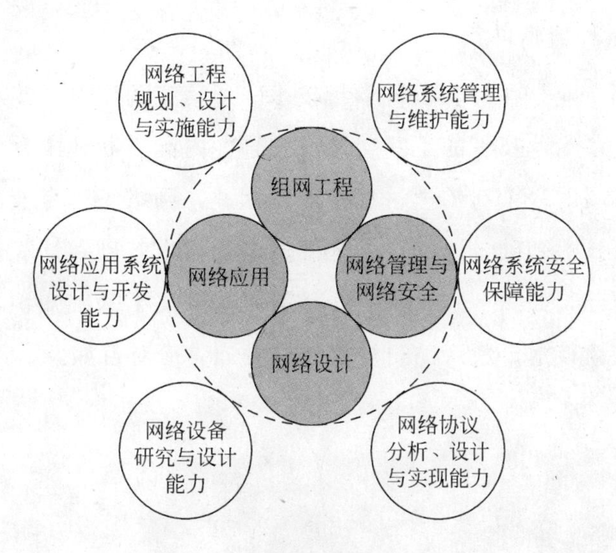

图 3-1　网络工程专业方向

网络设计方向的内涵包括网络硬件系统设计与研发、网络协议分析设计与研发、网络理论与网络体系结构及网络新技术研发等内容。

网络应用方向的内涵包括基于网络的服务系统设计与研发、基于行业的网络应用系统设计与研发、网络计算模式与网络应用新技术的研究等内容。

组网工程方向的内涵包括企业网络系统结构设计与规划、组网方案设计与论证、网络系统实施与部署、网络工程测试与验收等内容。

网络管理与网络安全方向的内涵包括网络管理与网络安全协议及相关技术研究、网络管理系统与网络安全系统的设计、开发与部署、网络系统的管理与维护、网络性能评估、网络安全策略与措施的制定与实施等内容。

网络工程专业的学生根据自己的职业取向和学习能力选择一个或多个方向的课程进行学习，适应本科专业“宽口径”的特点，培养“一专多能”的人才，为将来在多个岗位就业创造有利条件。

3. 基础宽厚原则

网络工程专业是在计算机科学与技术、通信工程和电子工程等专业的基础上，通过多专业技术的不断交叉、融合，内涵不断地丰富和扩展得以产生并迅速发展的一个新的学科和专业，因此，网络工程专业的课程体系必须包涵计算技术基础、通信技术基础、电子技术基础和计算机系统基础等多个学科基础，如图 3-2 所示。只有掌握并夯实了基础知识，在面向未来网络领域的新技术、新产品时才能触类旁通，应对自如。

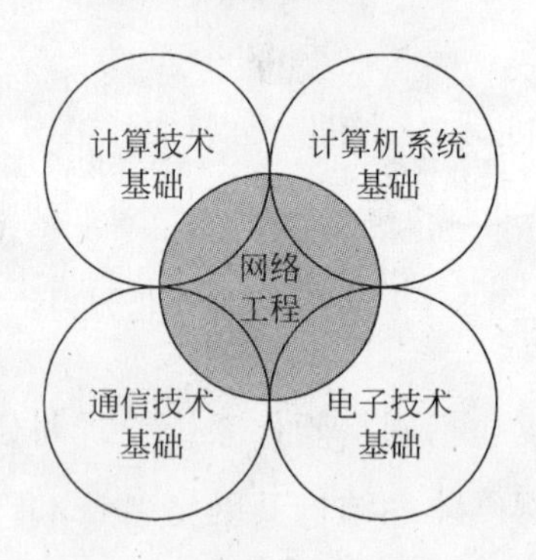

图 3-2　网络工程专业基础

4. 实践贯穿原则

从用人单位调研反馈的信息来看，目前包括计算机、网络工程等专业本科毕业生存在的主要问题在于实践能力不强，企业需要进行 6 个月以上的岗前培训才能胜任本专业的第一任职工作。为了缩短岗前培训时间，实践能力的培养非常重要，因此，在制定网络工程专业培养方案时，需要针对不同的培养方向，着重培养相应的实践能力，包括相应的工具、开发环境、系统软件的熟悉与使用、网络硬件设备的开发过程、网络系统软件和应用系统的开发方法、网络组网工程的训练、主流网络应用行业背景与领域知识的熟悉与了解等，使学生熟悉未来就业岗位的工作环境、业务需求，初步掌握相应的技术与技能。

3.2 网络工程专业知识体系

我们沿用CC2005课程体系的做法，将网络工程专业知识体系分解为若干个知识领域，每个知识领域包括若干个知识单元，每一个知识单元由若干个知识点组成。

3.2.1 网络工程专业知识领域

网络工程专业是在计算机科学与技术、通信技术和电子科学与技术等专业的基础上产生并发展的一个新的专业，因此，网络工程专业涉及以下专业知识领域。

(1) 由于网络设备和系统是一个特殊的计算机设备和系统，计算机科学与技术是网络工程专业的首要的核心支撑技术，网络工程专业的基本原理、硬件与软件体系结构与一般的计算机系统一脉相承，所以，网络工程专业的课程体系首先应继承计算机科学与技术的基本理论、基本原理和基本方法。

(2) 数据通信是计算机网络的基本功能，通信技术是网络工程专业区别于计算机科学与技术专业的核心技术，通信技术与计算技术的交叉与融合构成了网络工程专业的主体，所以，网络工程专业课程体系必须涵盖通信工程的基本理论、基本原理和基本方法。

(3) 电子技术是计算机科学与技术和网络工程等专业硬件系统设计的

基础，所以，网络工程专业课程体系还必须继承电子工程的基本理论和基本原理。

在设计网络工程专业的课程体系时，既要充分考虑对计算机、通信等相关专业的基础知识的继承性，同时更要考虑与这些专业的差异性，以体现网络工程专业人才培养的特色。为此，根据网络工程专业自身的特点、人才培养的目标和技术与技能要求，一方面需要对继承的知识领域、知识单元和知识点进行裁剪，使之适合网络工程专业培养目标的一般要求，另一方面还需要对其中部分知识加深、拓展和融合，以满足网络工程专业培养目标的特殊要求。例如，在熟悉一般计算机系统的原理和体系结构的基础上，要求学生进一步地熟悉并掌握网络系统（如交换机、路由器、防火墙等）的工作原理、体系结构和实现技术，为将来网络工程专业研究型人才从事网络相关技术的科学研究、网络设备与系统的设计与开发奠定良好的理论基础；再如，在掌握一般的信息系统与信息技术的基础上，还必须熟练掌握网络系统以及网络化的信息系统的规划、部署、集成、管理与维护等方面的技术，为将来网络工程专业工程型人才从事网络工程和网络管理等相关工作奠定良好基础。基于上述思路，以网络工程专业的核心知识为基础，综合计算机科学与技术、通信工程、电子工程等专业的相关知识领域，确定了网络工程专业知识体系如图 3-3 所示。

3.2.2 网络工程专业核心知识单元

根据图 3-3 所示的网络工程专业的知识体系，考虑到对计算机科学与技术（包括计算机科学 CS、计算机工程 CE、软件工程 SE、信息技术 IT 和信息系统 IS 等 5 个方向）、通信工程、电子工程等专业的核心知识的继承性以及网络工程专业自身的特点，以 CC2005 课程体系为主要参考对象，对其中的相关知识领域和知识单元经过适当裁剪、组合和扩充后形成了网络工程专业（以下简记为 NE）各领域的核心知识单元。

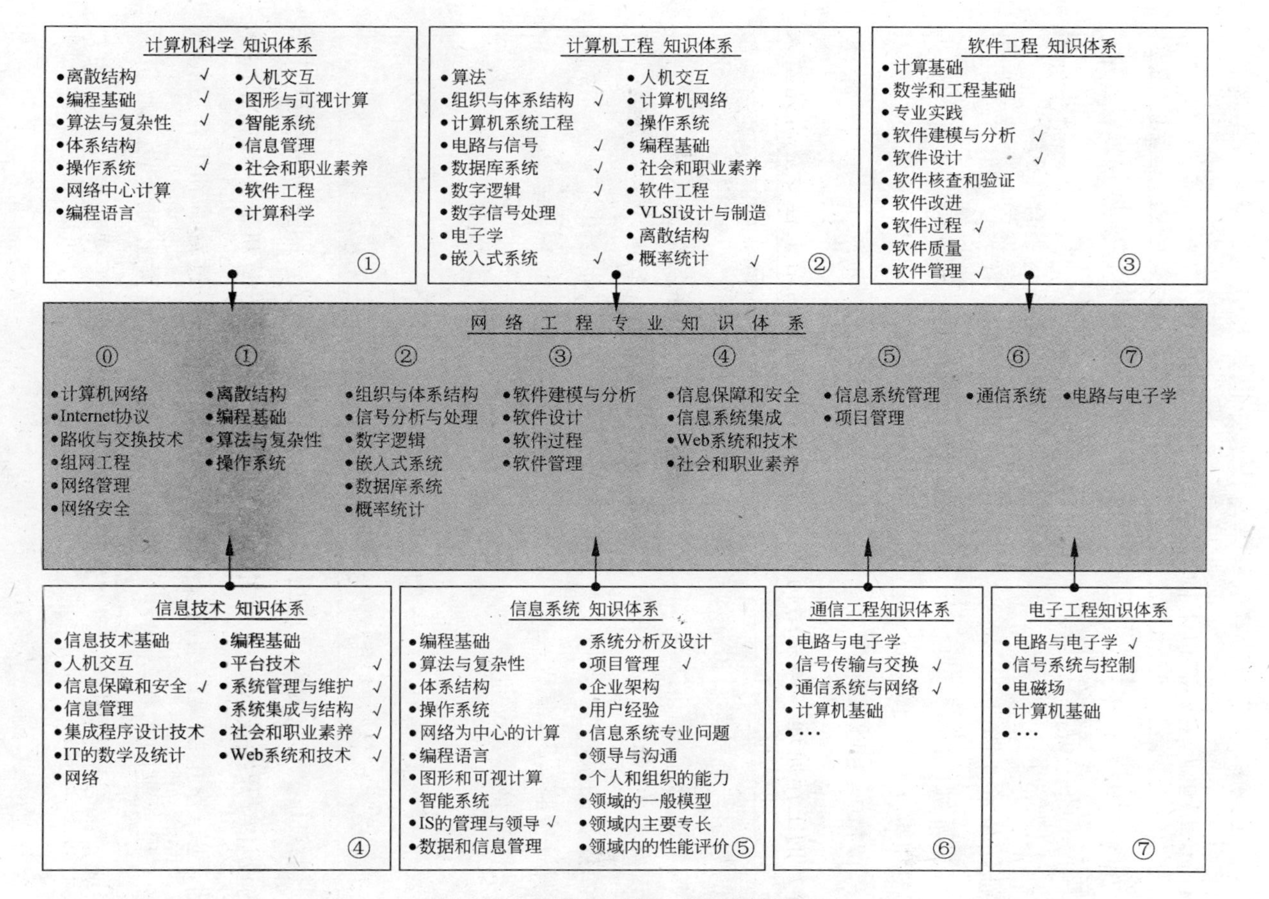

图 3-3　网络工程专业知识体系

1. 离散结构

在 CC2005 定义的计算机科学与技术知识体系中，关于离散结构领域的核心知识单元主要有以下内容：

CS 的离散结构［43 核心小时］	CE 的离散结构［33 核心小时］
• 函数、关系与集合［6］ √	• 历史和概况［1］
• 基本逻辑［10］ √	• 函数、关系与集合［6］
• 证明技术［12］	• 基本逻辑［10］
• 代数基础［5］ √	• 证明技术［6］ √
• 图和树［4］ √	• 代数基础［4］
• 离散概率［6］	• 图和树［4］
	• 递归［2］ √

IT 的数学与统计学［38 核心小时］	NE 的离散结构［64 学时］
• 基本逻辑［10］	• 函数、关系与集合［16］
• 离散概率［6］ √	• 基本逻辑［10］
• 函数、关系和集合［6］	• 证明技术［8］
• 假设检验［5］	• 代数基础［6］
• 采样与统计［5］	• 图和树［16］
• 图和树［4］	• 离散概率［6］
• 数学与统计学在 IT 中的应用［2］	• 递归［2］

网络工程专业的网络应用方向需要掌握网络协议、网络应用等软件系统的设计与开发技术，所以在计算技术基础方面与计算机专业具有相同的基础，以 CS 中的离散结构核心知识单元为主体，经过裁剪和组合后构成网络工程专业的离散结构核心知识单元，在课程设置上可开设“离散数学”或“集合论与图论”和“数理逻辑与代数结构”等课程来介绍相关知识点。

2. 程序设计基础

在 CC2005 定义的计算机科学与技术知识体系中，关于程序设计领域的核心知识单元主要有以下内容（其中 IS 的编程基础与 CS 相同，未作为比较对象，下同）：

CS 的编程基础［47 核心小时］
- 基本程序设计［9］ √
- 算法和问题求解［6］ √
- 数据结构［10］ √
- 递归［4］ √
- 事件驱动的编程［4］ √
- 面向对象［8］ √
- 信息安全基础［2］ √
- 安全编程［4］ √

CS 的编程语言［21 核心小时］
- 概述［2］
- 虚拟机［1］
- 基本语言翻译［2］
- 声明和类型［3］
- 抽象机制［3］
- 面向对象编程［10］
- 函数编程 √
- 语言翻译系统
- 类型系统
- 编程语言的语义
- 编程语言设计

CE 的编程基础［39 核心小时］
- 历史和概况［1］
- 编程范式［5］
- 编程结构［7］
- 算法和问题求解［8］
- 数据结构［13］
- 递归［5］
- 面向对象编程
- 事件驱动和并行编程
- 使用 API

IT 的编程基础［38 核心小时］
- 基本数据结构［10］
- 基本编程设计［10］
- 面向对象编程［9］
- 算法和问题求解［6］
- 事件驱动的编程［3］

网络工程专业的网络应用方向需要掌握网络协议、网络应用等软件系统的设计与开发技术，所以在程序设计方面与计算机专业具有相同的要求，以CS中的编程基础核心知识单元为主体，经过组合后构成NE的编程基础核心知识单元，在课程设置上可开设“程序设计”和“网络编程技术”等课程来介绍相关知识点。

NE的编程基础［70学时］
- 基本程序设计［8］
- 算法和问题求解［8］
- 数据结构［20］
- 递归［4］
- 函数编程［4］
- 事件驱动的编程［4］
- 面向对象［8］
- 网络编程［10］
- 安全编程［4］

3. 算法与复杂性

在计算机科学与技术知识体系中，关于算法与复杂性领域的核心知识单元主要有以下内容：

CS的算法与复杂性［31核心小时］
- 基本分析［4］
- 算法策略［6］
- 基本算法［12］
- 分布式算法［3］
- 可计算基础［6］
- P与NP
- 自动机理论
- 高级分析
- 加密算法 √
- 几何算法
- 并行算法

CE的算法［30核心小时］
- 历史和概况［1］
- 基本算法分析［4］ √
- 算法策略［8］ √
- 基本算法［12］ √
- 分布式算法［3］ √
- 算法复杂性［2］ √
- 可计算性理论基础 √

网络工程专业的网络应用方向需要掌握网络协议、网络应用等软件系统的设计与开发技术，所以在算法的设计及复杂性分析方面与计算机专业具有相同的要求，以CE中的算法核心知识单元为主体，经过裁剪和组合后构成NE的算法与复杂性核心知识单元，在课程设置上可开设“算法分析与设计”、“算法与复杂性”等课程来介绍相关知识点。

NE的算法与复杂性［40学时］
- 基本算法分析［4］
- 算法策略［10］
- 基本算法［12］
- 分布式算法［4］
- 算法复杂性［2］
- 加密算法［4］
- 可计算性理论基础［4］

4. 操作系统

在计算机科学与技术知识体系中，关于操作系统领域的知识单元主要有以下内容：

CS的操作系统［18核心小时］
- 操作系统概述［2］
- 操作系统原理［2］ √
- 并发［6］ √
- 调度和派遣［3］ √
- 内存管理［5］ √
- 设备管理 √
- 安全和保护 √
- 文件系统 √
- 实时嵌入式系统 √
- 容错
- 系统性能评价 √
- 脚本
- 数字取证 √
- 安全模型 √

CE的操作系统［20核心小时］
- 历史和概况［1］
- 设计原则［5］
- 并发［6］
- 调度和派遣［3］
- 内存管理［5］
- 设备管理
- 安全和保护
- 文件系统
- 系统性能评价

网络工程专业的网络应用和网络工程、网络管理与安全等方向都需要理解操作系统的组成与工作原理，掌握操作系统的安装、配置与使用方法，所以在计算机系统领域（包括操作系统）与计算机专业基本相同，但主要侧重原理理解和系统的使用（特别是实时嵌入式系统的应用），不强调操作系统的设计。以CS中的操作系统核心知识单元为主体，经过裁剪后构成NE的操作系统核心知识单元，在课程设置上可开设“操作系统原理”、“Linux操作系统”、“实时操作系统”、“嵌入式操作系统”、“操作系统实验”等课程来介绍相关知识点。

NE的操作系统［40学时］
- 操作系统原理［8］
- 并发［2］
- 调度和派遣［4］
- 内存管理［4］
- 设备管理［4］
- 安全和保护［4］
- 文件系统［4］
- 实时嵌入式系统［4］
- 系统性能评价［2］
- 数字取证［2］
- 安全模型［2］

5. 嵌入式系统

在计算机科学与技术知识体系中，关于嵌入式系统领域的知识单元主要有以下内容：

CE的嵌入式系统［20核心小时］
- 历史和概况［1］
- 嵌入式微控制器［6］ √
- 嵌入式程序［3］ √
- 实时操作系统［3］ √

- 低功耗计算［2］ √
- 可靠的系统设计［2］ √
- 设计方法［3］ √
- 工具支持 √
- 嵌入式多处理器 √
- 网络化的嵌入式系统 √
- 接口和混合信号系统 √

网络工程专业的网络设计方向需要具有网络硬件系统的设计与研发能力，目前主流的网络设备（包括交换机、路由器、无线网络设备等）主要采用嵌入式技术进行设计与开发，为此，网络工程专业的学生必须掌握嵌入式系统的原理与方法，具备基本的基于嵌入式技术网络设备研发能力。在这方面的要求与CE的要求基本相同，因此以CE的嵌入式系统领域的核心知识单元为主体构成，经过裁剪和组合后构成NE的相应核心知识单元，可开设“嵌入式系统”、“网络嵌入式系统设计”等课程来介绍相关知识点。

NE的嵌入式系统［40学时］
- 嵌入式微控制器［6］
- 嵌入式程序［6］
- 实时操作系统［6］
- 低功耗计算［4］
- 可靠系统设计［4］
- 设计方法［4］
- 支持工具［2］
- 嵌入式多处理器［2］
- 网络化的嵌入式系统［4］
- 接口和混合信号系统［2］

6. 数据库系统

在计算机科学与技术知识体系中，关于数据库系统领域的知识单元主要有以下内容：

CS 的信息管理［11 核心小时］
- 信息模型［4］
- 数据库系统［3］
- 数据建模［4］
- 索引
- 关系数据库
- 查询语言
- 关系数据库设计
- 事务处理
- 分布式数据库
- 物理数据库设计
- 数据挖掘
- 信息存储与检索
- 超媒体
- 多媒体系统
- 数字图书馆

CE 的数据库系统［5 核心小时］
- 历史和概况［1］
- 数据库系统［2］ √
- 数据建模［2］ √
- 关系数据库 √
- 查询语言 √
- 关系数据库设计 √
- 事务处理 √
- 分布式数据库 √
- 物理数据库设计

网络工程专业的网络应用方向需要进行基于网络的应用系统设计与开发的能力，必须具备数据库应用的能力，同时网络工程、网络管理与安全等方向也需要对数据库系统进行安装、配置、管理与维护，这些都需要理解数据库系统工作原理，掌握其安装、配置与应用方法，所以在数据库系统领域的要求与 CE 基本相同，但在网络工程专业中主要侧重原理理解和系统的使用，不强调数据库系统的设计。以 CE 的数据库系统领域的核心知识单元为主体，经过裁剪和组合后构成 NE 的数据库系统核心知识单元：

NE 的数据库系统［40 学时］
- 数据库系统［6］
- 数据建模［8］
- 关系数据库［6］
- 查询语言［4］
- 关系数据库设计［4］

- 事务处理［4］
- 分布式数据库［4］
- 数据库管理与维护［4］

7. 软件工程

在计算机科学与技术知识体系中，关于软件工程领域的知识单元主要有以下内容：

CS 的软件工程［31 核心小时］
- 软件设计［8］ √
- 使用 API［5］
- 工具与环境［3］ √
- 软件过程［2］ √
- 需求定义［4］ √
- 软件验证［3］ √
- 软件改进［3］ √
- 软件项目管理［3］ √
- 基于构件的计算
- 形式化方法
- 软件可靠性 √
- 专业系统
- 风险评估 √

CE 的软件工程［13 核心小时］
- 历史和概况［1］
- 软件过程［2］
- 软件需求和定义［2］
- 软件设计［2］
- 软件测试和验证［2］
- 软件改进［2］
- 软件工具和环境［2］
- 语言翻译
- 软件项目管理
- 软件容错

SE 的软件工程
- 软件建模与分析
- 软件设计
- 软件核查和验证
- 软件改进
- 软件过程
- 软件质量
- 软件管理

NE 的软件工程［40 学时］
- 软件过程［2］
- 需求定义［6］
- 工具与环境［2］
- 软件设计［10］
- 软件验证［6］
- 软件改进［4］
- 软件项目管理［4］
- 软件可靠性［4］
- 风险评估［2］

网络工程专业的网络应用方向需要掌握网络协议、网络应用等系统软件和应用软件的设计与开发技术，需要具有软件工程的意识，需要熟悉软件工程的一般方法，所以在软件工程领域，以CS中的软件工程相关核心知识单元为主体，经过裁剪后构成NE的软件工程核心知识单元，在课程设置上可开设“软件工程”、“软件工程导论”等课程来介绍相关知识点。

8. 计算机组织与体系结构

在计算机科学与技术知识体系中，关于计算机组织与体系结构领域的知识单元主要有以下内容：

CS的体系结构与组织［36核心小时］	CE的体系结构与组织［63核心小时］
• 数字逻辑［7］	• 历史和概况［1］
• 数据表示［9］	• 体系结构基础［10］ √
• 基本结构［3］	• 计算机算术［3］ √
• 存储结构［5］	• 存储系统的组织和结构［8］√
• 功能组织［6］	• 接口与通信［10］ √
• 多处理［6］	• 设备子系统［5］ √
• 性能增强	• 处理器系统设计［10］ √
• 分布式体系结构	• CPU结构［10］
• 设备	• 性能［3］
• 计算方向	• 分布式系统模型［3］ √
	• 性能增强

网络工程专业的硬件设计方向需要掌握网络交换机、路由器等硬件系统的设计与开发技术，而网络交换机、路由器是一种特殊用途的计算机系统，其组成与体系结构与一般的计算机系统一脉相承，以CE的计算机组织与体系结构领域的核心知识单元为主体，经过适当裁剪后构成NE的计算机组织与体系结构核心知识单元，在课程设置上可开设“计算机原理”、“计算机体系结构”等课程来介绍相关知识点。

NE 的计算机组织与体系结构［60 学时］

- 体系结构基础［12］
- 计算机算术［4］
- 存储系统的组织和结构［10］
- 接口与通信［10］
- 设备子系统［8］
- 处理器系统设计［12］
- 分布式系统模型［4］

9. 计算机网络

在计算机科学与技术知识体系中，关于计算机网络领域的知识单元主要有以下内容：

CS 的网络中心计算［18 核心小时］

- 引言［2］
- 网络通信［7］
- 网络安全［6］ √
- 网络结构 √
- 网络应用 √
- 网络管理
- 压缩
- 多媒体技术
- 移动计算 √

CE 的计算机网络［21 核心小时］

- 历史和概况［1］
- 通信网络体系结构［3］ √
- 通信网络协议［4］ √
- 局域网和广域网［4］ √
- 客户服务器计算［3］ √
- 数据安全性和完整性［4］
- 无线和移动计算［2］ √
- 性能评估 √
- 数据通信 √
- 网络管理 √
- 压缩和解压

IT 的网络［22 核心小时］

- 网络基础［3］
- 路由和交换［8］ √
- 物理层［6］
- 安全［2］
- 网络管理［2］
- 应用范围［1］

NE 的计算机网络［40 学时］

- 网络体系结构［4］
- 网络协议［6］
- 局域网和广域网技术［10］
- 网络计算模式［2］
- 网络管理［4］
- 网络安全［6］
- 网络应用［2］
- 网络性能评估［2］
- 无线网络与移动计算［4］

计算机网络及其相关技术是网络工程专业的核心技术，是网络工程专业区别于计算机和通信工程等专业的关键点。计算机网络技术包括计算机网络基本概念和基本原理、网络硬件设备体系结构、Internet 网络协议分析与设计、网络组网工程技术、网络应用编程技术、网络管理技术、网络安全技术等软硬件技术以及数据通信、信息系统集成、信息管理系统、信息安全等相关技术。在继承计算机专业关于计算机网络领域的核心知识单元的基础上，经扩展后构成网络工程专业的计算机网络系列课程或课程群的核心知识单元，课程群主要包括“计算机网络原理”、“网络设备体系结构”、“Internet 协议分析与设计”、“网络编程技术”、“网络工程”、“网络管理”、“网络安全”、“网络计算技术”等核心课程。

10. 网络设备体系结构

为了培养学生在网络体系结构研究、网络硬件系统设计和网络协议开发领域的能力，在掌握一般的计算机系统体系结构的基础上，需要对网络设备与系统的体系结构和局域网协议原理与实现技术进一步的熟悉与掌握，为此，需要学习以下核心知识单元，在课程设置上可开设“网络体系结构”、“网络硬件设计与开发”、“网络路由与交换技术”、“局域网技术”等课程来介绍相关知识点。

NE 的网络设备体系结构［40 学时］
- 路由器体系结构［6］
- 路由算法［4］
- 路由协议［6］
- 虚拟路由冗余［2］
- 交换机体系结构［6］
- 虚拟局域网［4］
- 生成树协议［4］
- 链路聚合与负载均衡［4］
- 无线网络技术［4］

11. Internet 协议

为了培养学生在网络协议分析与设计方面的能力，对目前广泛应用的 Internet 技术的相关协议的原理、实现方法、应用技术、存在的问题及下一代互联网技术等进行学习。在课程设置上可开设“Internet 协议”、“TCP/IP 协议”、“网络协议分析与设计”等课程来介绍相关知识点。

NE 的 Internet 协议［40 学时］
- TCP/IP 协议栈［2］
- ARP 协议［4］
- ICMP 协议［4］
- IP 协议［6］
- Internet 路由协议［6］
- TCP 协议［6］
- UDP 协议［4］
- 应用层协议［6］
- 新一代互联网协议［2］

12. 网络工程

在计算机科学与技术知识体系中，关于网络工程的规划、设计、施工、测试、管理与维护等方面的核心知识单元主要分布在 IT 和 IS 方向，包括有以下内容：

IT 的系统集成与体系结构［21 核心小时］

- 需求［6］ √
- 采集和采购［4］ √
- 集成和部署［3］ √
- 项目管理［3］
- 测试和质量保证［3］ √
- 组织环境［1］
- 结构［1］

IT 的平台技术［14 核心小时］

- 操作系统［10］
- 体系结构与组织［3］ √
- 计算基础设施［1］ √
- 企业软件部署 √
- 固件
- 硬件

IT 的系统管理和维护［11 项核心小时］

- 操作系统［4］
- 应用［3］
- 管理活动［2］√
- 管理域［2］

IS 的项目管理

- 项目管理基础 √
- 项目管理团队
- 项目沟通管理
- 项目启动和规划 √
- 项目执行与控制 √
- 项目结束
- 工程质量 √
- 项目风险 √
- 项目管理标准

网络工程专业的组网方向需要掌握网络系统的需求分析、规划与设计、网络项目实施（包括网络交换机、路由器、服务器等硬件系统和操作系统、网络服务系统、网络应用系统的安装、配置、调试等）、工程的测试与验收等相关技术和方法，为此，将上述与网络工程相关的核心知识单元经过裁剪和组合后，构成 NE 的网络工程核心知识单元，在课程设置上可开设“网络工程”、“网络规划与设计”、“网络系统集成技术”等课程来介绍相关知识点。

NE 的网络工程 [40 学时]
- 网络工程过程模型 [4]
- 网络系统需求分析 [6]
- 网络规划、设计与论证 [6]
- 设备选型与采购 [2]
- 网络组网与集成技术 [12]
- 项目管理 [4]
- 测试和质量保证 [4]
- 管理活动 [2]

13. 网络管理

对于网络管理与安全方向的学生，为了培养网络系统管理与维护领域的能力，需要对网络管理的原理、技术标准、网络管理系统的实现技术等进行学习，在课程设置上可开设“网络管理”、“网络性能评估”、“网络设备维护”等课程来覆盖相关知识点。

NE 的网络管理 [30 学时]
- 管理功能域 [2]
- 网络管理模型 [2]
- MIB [2]
- CMIP 协议 [2]
- SNMP 协议 [6]
- RM0N 协议 [2]
- 配置管理 [2]
- 故障管理 [2]
- 性能管理 [2]
- 安全管理 [2]
- 计费管理 [2]
- 网络管理系统 [2]
- 网络性能评价 [2]

14. 网络安全

对于网络管理与安全方向的学生，为了培养网络系统安全方面的设计、开发与维护能力，需要对网络安全模型、安全协议标准、常见的网络安全系统及其实现技术等进行学习，在课程设置上可开设“网络安全”、“网络安全协议”、“网络安全系统”等课程来介绍相关知识点。

NE的网络安全［30学时］
- 安全威胁［2］
- 安全模型［2］
- 安全协议［6］
- 安全系统与实现技术［12］
- 安全管理［6］
- 安全法规［2］

15. 网络编程技术

为了加强网络应用编程特别是基于Web的编程方面的能力，在掌握一般的计算机程序设计前提下，需要对网络计算模型、常见的网络编程平台环境和编程技术进行加强，使学生至少熟练掌握1～2种编程环境下的网络程序设计方法，在课程设置上可开设“网络编程技术”、“网络编程综合课程设计”等课程来覆盖相关知识点。

NE的网络编程技术［30学时］
- 网络计算模型［6］
- Socket网络编程［4］
- PHP技术［4］
- ASP技术［4］
- JSP技术［4］
- J2EE技术［4］
- .NET技术［4］

16. 信息系统集成

在计算机科学与技术知识体系中，关于信息系统集成领域的知识单元主要有以下内容：

IT的集成程序设计技术［23核心小时］

- 内部系统的通讯［5］
- 数据映射和交换［4］ √
- 集成编程［4］ √
- 脚本技术［4］
- 软件安全性措施［4］ √
- 杂项问题［1］
- 编程语言概述［1］

IT的系统集成与体系结构［21核心小时］

- 需求［6］ √
- 采集和采购［4］
- 集成和部署［3］ √
- 项目管理［3］
- 测试和质量保证［3］
- 组织环境［1］
- 结构［1］

IT的平台技术［14核心小时］

- 操作系统［10］
- 体系结构与组织［3］
- 计算基础设施［1］ √
- 企业软件部署 √
- 固件
- 硬件

NE的信息系统集成［30学时］

- 信息集成需求［4］
- 网络集成技术［6］
- 数据映射和交换［6］
- 应用集成技术［8］
- 软件安全性措施［4］
- 企业软件部署［2］

将上述网络系统集成、数据集成和应用系统集成相关的核心知识单元综合起来，构成NE的信息系统集成核心知识单元，主要包括网络基础设施的集成、数据的集成和应用系统与平台的集成和部署等相关内容，在课程设置上可开设“系统集成技术”、“信息系统分析与集成”等课程来介绍相关知识点。

17. 信息系统管理

在网络工程专业的组网工程方向，需要掌握网络及信息系统的规划、方案设计与论证、网络与信息系统的部署、信息系统的管理与维护等技术和方法，为此，以IS的信息系统管理与领导部分核心知识单元为主体构成NE的相应核心知识单元，在课程设置上可开设“管理信息系统”、“信息系统分析与设计”等课程来介绍相关知识点。

IS 的信息系统管理与领导
- 信息系统策略 √
- 信息系统管理 √
- 信息系统采购 √
- 战略联合
- IS 对组织结构和过程的影响 √
- 信息系统规划 √
- IT 在竞争中的角色 √
- 信息系统功能的管理 √
- IT 投资和运营的效益评估 √
- 获取信息技术资源和能力
- 使用 IT 治理框架 √
- IT 风险管理 √
- 信息系统经济学

NE 的信息系统管理 [30 学时]
- 信息系统策略 [2]
- 信息系统管理 [6]
- 信息系统采购 [2]
- IS 对组织结构和过程的影响 [2]
- 信息系统规划 [6]
- IT 在竞争中的角色 [2]
- 信息系统功能的管理 [4]
- IT 投资和效益评估 [2]
- 使用 IT 治理框架 [2]
- IT 风险管理 [2]

18. Web 系统和技术

Web 技术是基于计算机网络的一种新型的网络应用平台，通过 Web 平台使计算机网络得以走进千家万户，从而改变着人们的学习、工作、生活、娱乐和思维模式，作为网络工程专业特别是网络应用方向的学生，需要熟练掌握 Web 系统的构成和相关应用技术，为此，以 IT 的 Web 系统和技术等领域的核心知识单元为主体构成 NE 的 Web 系统和技术核心知识单元，在课程设置上可开设“Web 系统与技术”、“Web 服务”等课程来介绍相关知识点。

IT 的 Web 系统和技术 [22 核心小时]
- Web 技术 [10] √
- 信息架构 [4] √
- 数码媒体 [3] √
- Web 开发 [3] √
- 漏洞 [2]
- 社会性软件 √

NE 的 Web 系统和技术 [30 学时]
- Web 技术 [10]
- 信息架构 [4]
- 数字媒体 [4]
- Web 开发 [6]
- Web 系统与安全 [4]
- 社会性软件 [2]

19. 信息安全基础

网络安全和信息的安全是计算机网络的生命，网络工程专业特别是网络管理与安全方向的学生除了掌握网络安全相关技术外，还必须熟悉信息安全的相关概念、了解信息安全的相关技术，以便更好地服务于网络安全。为此，以IT中的信息保障与安全领域的核心知识单元为主体构成NE的信息安全核心知识单元，在课程设置上可开设“信息安全”、“信息安全基础”等课程来介绍相关知识点。

NE的信息安全［30学时］

- 基本概念［4］
- 安全机制［6］
- 运营问题［2］
- 政策［2］
- 攻击［2］
- 安全域［2］
- 取证［2］
- 信息表示［2］
- 安全服务［2］
- 威胁分析模型［4］
- 漏洞［2］

20. 通信系统

数据通信既是网络的基础，也是网络的主要功能，网络工程专业的学生必须具有数据通信领域的基础知识，并熟悉数据通信相关的技术。为此，以通信工程的信号传输与交换、通信系统与网络部分核心知识单元为主体构成NE的相应核心知识单元，在课程设置上可开设“数据通信原理”、“现代通信系统”、“无线通信与网络”等课程来介绍相关知识点。

NE 的数据通信［40 学时］
- 信息理论与编码［4］
- 数据通信原理［12］
- 现代交换原理［4］
- 光纤通信［4］
- 移动通信［6］
- 微波通信［4］
- 卫星通信［4］
- 多媒体通信［2］

21. 电路与信号

网络工程专业的硬件设计方向需要掌握网络交换机、路由器等硬件系统的设计与开发技术，所以在电子技术基础领域与计算机专业具有相同的基础，以 CE 的电路与信号等领域的核心知识单元构成 NE 的相应核心知识单元。

NE 的电路和信号［50 学时］
- 电量［4］
- 电阻电路及网络［10］
- 无功电路和网络［12］
- 频率响应［8］
- 正弦分析［6］
- 卷积［4］
- 傅里叶分析［2］
- 过滤器［2］
- 拉普拉斯变换［2］

22. 数字逻辑

网络工程专业的硬件设计方向需要掌握网络交换机、路由器等硬件系统的设计与开发技术，所以在数字系统的设计领域与计算机专业具有相同的要求，以 CE 的数字逻辑领域的核心知识单元为主体构成，经过适当裁剪后构成 NE 的相应核心知识单元。

CE 的数字逻辑［57 核心小时］	
• 历史和概况［1］	
• 开关理论［6］	√
• 组合逻辑电路［4］	√
• 模块化的组合电路设计［6］	√
• 记忆元素［3］	√
• 时序逻辑电路［10］	√
• 数字系统设计［12］	√
• 建模与仿真［5］	
• 形式验证［5］	
• 故障模型和测试［5］	√
• 可测性设计	√

NE 的数字逻辑［50 学时］
• 开关理论［6］
• 组合逻辑电路［4］
• 模块化的组合电路设计［8］
• 记忆元素［4］
• 时序逻辑电路［10］
• 数字系统设计［12］
• 故障模型和测试［4］
• 可测性设计［2］

23. 电子学

网络工程专业的硬件设计方向需要掌握网络交换机、路由器等硬件系统的设计与开发技术，所以在电子技术基础领域与计算机专业具有相同的基础，以 CE 或电子工程的电子学领域的核心知识单元为主体构成，经过裁剪和组合后构成 NE 的相应核心知识单元，在课程设置上可开设“模拟电子技术”、“数字电子技术”等课程来介绍相关知识点。

CE 的电子学［43 核心小时］	
• 历史和概况［1］	
• 材料的电子特性［3］	√
• 二极管和二极管电路［5］	√
• MOS 晶体管和偏压［3］	√
• MOS 逻辑系列［7］	√
• 双极晶体管和逻辑系列［4］	√
• 设计参数和问题［4］	√
• 存储元素［3］	√

NE 的电子学［80 学时］
• 材料的电子特性［2］
• 二极管和二极管电路［8］
• MOS 晶体管和偏压［6］
• MOS 逻辑系列［8］
• 双极晶体管和逻辑系列［6］
• 设计参数和问题［8］
• 存储元素［8］
• 接口逻辑和标准总线［8］

<table>
<tr>
<td>

- 接口逻辑和标准总线［3］ √
- 运算放大器［4］ √
- 电路建模与仿真［3］
- 数据转换电路 √
- 电子电压和电流源 √
- 放大器设计 √
- 集成电路块

</td>
<td>

- 运算放大器［6］
- 数据转换电路［8］
- 电子电压和电流源［4］
- 放大器设计［4］
- 集成电路块［4］

</td>
</tr>
</table>

24. 社会和职业素养

由于计算机网络存在安全隐患，计算机网特别是互联网在给人们带来便利的同时，也给使用者带来了安全威胁，一些别有用心者甚至利用掌握的网络技术实施计算机犯罪行为。作为网络工程专业的学生必须了解相关的法律法规，必须具备良好的职业道德素养。

在计算机科学与技术知识体系中，关于社会和职业素养方面的知识单元主要有以下内容：

<table>
<tr>
<td>

CS 的社会和职业素养［16 核心小时］

- 计算历史［1］
- 社会环境［3］
- 分析工具［2］
- 职业道德［3］
- 风险［2］
- 安全运营
- 知识产权［3］
- 隐私和公民自由［2］ √
- 计算机犯罪 √
- 计算经济学
- 哲学框架

</td>
<td>

CE 的社会和职业素养［16 核心小时］

- 历史和概况［1］
- 公共政策［2］ √
- 方法和分析工具［2］
- 职业道德与责任［2］
- 风险和责任［2］ √
- 知识产权［2］
- 隐私和公民自由［2］ √
- 计算机犯罪［1］
- 计算的经济问题［2］
- 哲学框架

</td>
</tr>
</table>

IT 的社会和职业素养［21 核心小时］
- 职业交流［5］ √
- 团队意识［5］ √
- 社会环境下的计算［3］
- 知识产权［2］ √
- 计算的法律问题［2］ √
- 组织背景［2］
- 职业道德素养和责任［2］
- 计算历史［1］
- 隐私及公民自由［1］

NE 的社会和职业素养［20 学时］
- 职业交流［2］
- 团队意识［2］
- 政策与法律［4］
- 知识产权［2］
- 计算机犯罪［4］
- 风险和责任［2］
- 职业道德素养和责任［2］
- 隐私及公民自由［2］

以 IT 的社会和职业素养方面的核心知识单元为主体，经过裁剪和组合后构成 NE 的社会和职业素养核心知识单元。

3.3 网络工程专业课程体系结构设计

根据网络工程专业人才培养目标和能力要求，网络工程专业课程体系结构应涵盖计算机科学技术、网络技术、电子科学技术、通信技术和信息安全技术等部分知识领域，保证教学的宽基础平台，同时建立网络设计、网络应用、组网工程、网络管理与网络安全 4 个专业方向，使学生“一专多能”。各专业方向对应的技能要求和工作岗位如表 3-1 所示。

表 3-1 网络工程专业培养方向与专业技能对应关系

	专业方向	专业技能	工作岗位
网络工程专业	网络设计	网络设备相关技术与产品（如交换机、路由器等）研究、设计、开发与生产能力；网络协议分析和实现能力	网络硬件工程师、网络协议分析师、网络设备测试工程师

续表

	专业方向	专业技能	工作岗位
网络工程专业	网络应用	基于C/S的网络应用软件设计与开发能力；基于Web的网络应用软件设计与开发能力	网络软件工程师、网站设计师、网络软件测试工程师
	组网工程	网络规划、组网方案设计能力；网络设备与系统安装、配置与调试能力	网络规划师、网络架构工程师、网络组网工程师、系统集成售前工程师
	网络管理与网络安全	网络系统管理与维护能力；网络系统安全策略与措施制定、网络安全系统部署、网络安全事故管理能力	网络管理员、网络安全工程师、网站维护工程师

围绕4个专业方向，网络工程专业课程体系的结构主要由公共基础模块、专业基础模块、专业必修课程模块、专业选修课程模块、专业实践模块等5大模块组成，如图3-4所示。

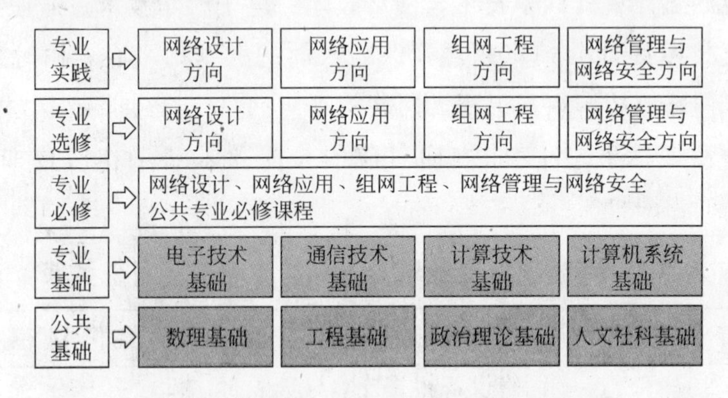

图3-4　网络工程专业课程体系结构

1. 公共基础模块

网络工程专业与计算机科学与技术等工科专业一样，需要有扎实的数学、物理基础和工程基础，同时还应具有一定的政治理论基础和人文基础，所以，网络工程专业课程体系的公共基础模块与其他工科专业基本相同，包括数学、物理基础、工程基础、政治理论基础和人文社科基础。

2. 专业基础模块

由于网络工程是电子技术、通信技术等学科与计算机科学技术交叉融合后产生的一个新的学科与专业，所以网络工程专业的专业基础包括电子技术基础、通信技术基础、计算技术基础、计算机系统基础4个模块。

3. 专业必修课程模块

网络工程专业必修课程模块是网络工程专业的网络设计、网络应用、组网工程、网络管理与网络安全4个专业方向的都必须修学的课程，其中包括相应的课内实践环节。

4. 专业选修课程模块

专业选修课程由网络工程专业的网络设计、网络应用、组网工程、网络管理与网络安全4个专业方向的选修课程组成，每个方向指定两门课程作为限选课程。

5. 专业实践模块

网络工程专业实践性非常强，围绕4个专业方向培养学生的实践能力，除了专业课程中包含的课内实践环节外，在课程体系中还包括各专业方向综合性实践环节以及毕业设计等环节，重点突出专业性、综合性、设计性、创新性和研究性的实践教学思路。

3.4 网络工程专业课程体系设计

根据课程体系结构组成，本着“厚基础、重网络、强实践、强能力”的原则，围绕网络工程专业的4个专业方向，针对重点大学网络工程专业（以研究型和工程型人才培养为主）制定了一个示范课程体系如图3-5所示，各大学可根据本校的培养目标和办学条件，选择适当的专业方向，并对各专业方向的课程进行裁剪、组合和扩充，以培养科学研究型和或工程型人才，满足用人单位对网络工程专业技术与技能需求。

课程类别				
专业实践	实习与实训		毕业设计	
	课内实验	综合课程设计	自主创新研究	学科竞赛
专业选修课程	网络设计方向 数字系统设计 (限选) 微机接口与控制 (限选) 计算机系统工程 汇编语言	网络应用方向 面向对象程序设计 (限选) Web系统与技术 (限选) 网络计算技术 多媒体技术	组网工程方向 信息系统集成 (限选) 无线通信与网络 (限选) 传感网与物联网技术 Linux操作系统	网络管理与安全方向 网络性能评价 (限选) 信息安全 (限选) 网络故障诊断与维护 信息安全法规
专业必修课程	计算机网络 嵌入式系统	网络设备体系结构 Internet协议分析	网络工程 网络编程技术	网络管理 网络安全
专业基础课程	电子技术基础 电工与电路基础 模拟电子技术 数字电子技术	通信技术基础 信号分析与处理 数据通信原理 现代通信系统	计算技术基础 离散数学、数据结构 程序设计、算法设计与分析、信息安全基础	计算机系统基础 计算机原理、操作系统 软件工程、数据库原理
公共基础课程	数理基础 高等数学、线性代数 概率论与数理统计 排队论、数学建模 大学物理	工程基础 大学计算机基础 工程制图基础	政治理论基础 马克思主义基础原理 中国近现代史纲要 中国特色社会主义 当代世界经济与政治	人文社科基础 大学英语、哲学与心理学、语言文学与艺术、思想品德与法律基础、社会和职业素养、军事理论、体育

图 3-5 网络工程专业课程体系

3.4.1　公共基础课程

网络工程专业作为一个工科专业，毕业的学生必须具有扎实的数理基础、一定的工程基础、合格的政治素养、健康的体格和心态、良好的社会道德品质和法律素养，同时还应具有较强的信息检索、文字处理能力和阅读中英文文献、撰写技术报告和论文的能力。

1. 数理基础

与其他工科类专业相同，网络工程专业学生必须具有扎实的数理基础，与此相关的课程包括高等数学、线性代数、概率论与数理统计、排队论、数学建模、大学物理、大学物理实验等。

2. 工程基础

作为工科类学生，必须具有一定的工程基础。首先，作为一个工具，必须学会使用计算机系统，包括文字处理、科技信息检索、日常办公与信息交流等应用系统；其次，需要掌握基本的工程制图技术，与此相关的课程包括大学计算机基础、工程制图基础等。

3. 政治理论基础

作为重点大学的毕业生，必须具有合格的政治素养，与此相关的课程包括马克思主义基本原理、中国近现代史纲要、中国特色社会主义、当代世界经济与政治等。

4. 人文社科基础

作为重点大学的毕业生，必须具有健康的体格和心态、良好的思想品德和法律意识、一定的文学艺术修养，同时还应加强文字处理能力和撰写科技文献的能力，因为工程技术人员应具有撰写专业报告、科研论文、学术交流、方案设计等文字处理能力。与此相关的课程包括哲学与心理学、语言文学与艺术、思想品德与法律基础、社会和职业素养、国防教育、体育等。

良好的英文专业技术资料的阅读能力、英文技术文档和科技论文的书写能力、基本的英文听说能力也是重点大学毕业生最基本的能力，因为一些新技术、新标准多源于国外，要为他们将来阅读、翻译英文文献打下基础，与此相关的课程包括大学英语（精读、写作、口语、听力）。

3.4.2 专业基础课程

网络工程专业是在计算机科学与技术、通信工程和电子工程等专业的基础上，通过多专业技术的不断地交叉、融合，内涵不断地丰富和扩展得以产生并发展壮大的一个新的学科和专业，因此，网络工程专业的基础将包括计算技术、通信技术、电子技术和计算机系统等多个学科基础。

1. 电子技术基础

电子技术是网络工程专业的专业基础之一，通过电子技术基础课程的学习，为将来理解网络硬件设备工作原理、掌握网络硬件的实现技术打下基础，主要课程包括电工与电路基础、模拟电子技术、数字电子技术等。

2. 通信技术基础

数据通信是计算机网络的一个核心功能，通信技术是网络工程专业的专业基础之一，网络工程专业的许多课程如计算机网络原理、无线通信技术等都必须以数据通信原理等为先导课程。相关的课程包括信号分析与处理、数据通信原理和通信系统等。

3. 计算技术基础

计算技术是网络工程专业的核心技术之一，通过该专业基础课程的学习，为将来理解网络软硬件系统的工作原理、掌握网络软硬件系统的实现方法打下基础，与此相关的课程包括离散数学（集合论与图论、数理逻辑与代数结构）、数据结构、程序设计、算法设计与分析、信息安全数学与密码学基础等。

4. 计算机系统基础

网络设备是一个以数据交换或数据通信为目的的特殊计算机系统，其核心就是一台具有多个 I/O 接口的计算机，网络设备中运行的操作系统、协议栈等软件的工作原理、软件结构、实现方法也与传统的计算机软件一脉相承，为了理解网络设备的结构与组成、工作原理与实现方法，需要对一般的计算机系统的工作原理、体系结构、操作系统等进行学习与研究，与此相关的课程包括计算机原理与结构、操作系统、数据库原理、软件工程等。

3.4.3 专业必修课程

专业必修课程包含了本专业的核心技术的原理、实现方法等内容，虽然围绕网络工程专业 4 个专业方向展开，但每个方向的学生都必须修学并掌握之。

1. 网络设计方向

为了培养学生在网络交换机、路由器等软硬件设备及相关的网络协议的设计与开发方面的能力，需要掌握数字系统设计原理与方法、嵌入式系统与设计方法等专业知识，与此相关的课程包括网络设备体系结构、嵌入式系统、嵌入式系统综合课程设计、Internet 协议分析。

其中网络设备体系结构是对计算机原理与体系结构课程的补充和深入，其目的是让学生在理解一般计算机系统的原理和体系结构的基础上，对交换机、路由器等网络设备和局域网协议（如常用的 IEEE 802.xxx 系列协议）的工作原理、组成与体系结构进一步地理解与掌握。

2. 网络应用方向

为了培养学生在网络服务系统与网络应用系统方面的设计与开发能力，需要理解计算机网络原理、互联网协议原理与实现技术、网络为中心的计算与信息处理技术，掌握基于网络的应用程序设计与开发技术等专业知识，与此相关的课程包括计算机网络原理、网络应用编程、网络编程综合课程设计。

3. 组网工程方向

为了培养学生在网络规划、组网方案设计与论证、组网工程项目实施与系统集成等方面的能力，需要熟悉网络工程过程模型，掌握信息系统集成的方法与步骤，掌握常用网络设备与服务系统的安装与配置方法等技术，与此相关的课程包括网络工程、网络工程综合课程设计等。

4. 网络管理与网络安全方向

为了培养学生在网络性能管理、配置管理、故障管理、安全管理、计费管理等方面网络管理能力和网络系统安全策略与措施制定、安全系统部署、安全事故监测、管理与恢复等方面的能力，需要掌握网络管理的原理、协议及网络管理系统的实现技术以及常见的网络安全系统（如防火墙、入侵检测、漏洞扫描、计算机病毒与木马等）的工作原理、实现技术以及相关的政策法规等知识，与此相关的课程包括网络管理、网络安全、网络攻防课程设计等。

3.4.4 专业选修课程

专业选修课程围绕网络工程专业 4 个专业方向展开，学生根据自己的爱好与兴趣以及学习能力，选择一个或多个方向的选修课程进行学习，以培养学生在该方面的能力。

1. 网络设计方向

包括数字逻辑、计算机体系结构、计算机系统工程、微机接口与控制、数字系统设计、汇编语言程序设计等课程。

2. 网络应用方向

包括面向对象程序设计、Web 系统与技术、传感网与物联网技术、J2EE 技术、.NET 技术、多媒体技术、分布式系统、网络计算技术、网络存储技术等课程。

3. 组网工程方向

包括信息系统集成、Linux 操作系统、接入网技术、无线通信与网络等课程。

4. 网络管理与网络安全方向

包括网络性能评价、信息安全、信息安全法规、网络故障诊断与维护等课程。

3.4.5 专业实践课程

网络工程专业的实践性要求非常强，为了培养学生的实践能力，首先，各专业课程中包含针对相关原理与技术的验证性、操作配置类以及简单的设计类课内实验，此外，为了训练学生综合运用所学知识解决实际问题的能力和创新的能力，专业实践还包括各专业方向综合性课程设计实践、毕业实习和毕业设计等环节，实践教学具体分成5个层次：

(1) 基本原理与方法验证类实验；

(2) 网络设备与系统操作配置类实验；

(3) 网络应用设计类实验；

(4) 专业方向综合设计与创新类实验；

(5) 导师指导下的科研训练、毕业实习和毕业设计。

通过以上5个层次的实践训练，使学生真正得到动手实践的机会，以加深学生对网络原理的理解、网络系统的熟悉，使学生初步掌握网络设备与网络应用系统的设计与开发方法，培养学生动手操作的能力和设计与创新的能力。网络工程专业实践教学体系详见第5章论述。

3.4.6 培养目标与课程对应关系

网络工程专业培养目标与课程的对应关系如表3-2所示。

表3-2 网络工程专业培养目标与课程的对应关系

序号	培养目标、知识与能力	主要课程
1	合格的政治素养、良好的思想品德和法律意识	马克思主义基本原理、中国近现代史纲要、中国特色社会主义、当代世界经济与政治、思想品德与法律基础、社会和职业素养
2	一定的人文艺术修养，良好的与人沟通、合作的能力	哲学与心理学、语言文学与艺术、国防教育、体育

续表

序号	培养目标、知识与能力	主要课程
3	良好的阅读英文专业技术资料、文献的能力，书写英文技术文档、科技论文的能力，基本的英文听说的能力	大学英语、英语写作、英语口语、专业英语
4	扎实的数理基础与工程基础	高等数学、线性代数、概率论与数理统计、数学建模、大学物理、大学物理实验、大学计算机基础、工程制图基础
5	一定的电子学基础	电工与电路基础、模拟电子技术、数字电子技术
6	一定的通信基础	信号分析与处理、数据通信原理、通信系统
7	扎实的计算技术基础	离散数学、数据结构、程序设计、算法设计与分析、信息安全基础
8	扎实的计算机软、硬件系统基础	计算机原理与结构、操作系统、数据库原理与技术、软件工程、计算机网络
9	较强的网络设备与系统设计开发与创新能力	网络设备体系结构、网络协议分析与设计、数字逻辑、嵌入式系统、计算机系统工程、数字系统设计、计算机接口与控制、汇编语言程序设计、嵌入式系统综合课程设计
10	较强的网络应用系统开发与创新能力	Internet 协议分析、面向对象程序设计、网络编程技术、Web 系统与技术、J2EE 技术、.NET 技术、网络计算技术、多媒体技术、网络编程综合课程设计
11	较强的网络工程规划、设计与建设能力	网络工程、信息系统集成、Linux 操作系统网络工程综合课程设计
12	较强的网络管理与维护能力和网络安全防范能力	网络管理、网络性能评价、网络故障诊断与维护、网络安全、信息安全、信息安全法规、网络攻防综合课程设计

3.4.7 主要课程之间逻辑结构

网络工程专业主要专业课程的前导课或基础课及后续课之间的逻辑关系如图 3-6 所示。

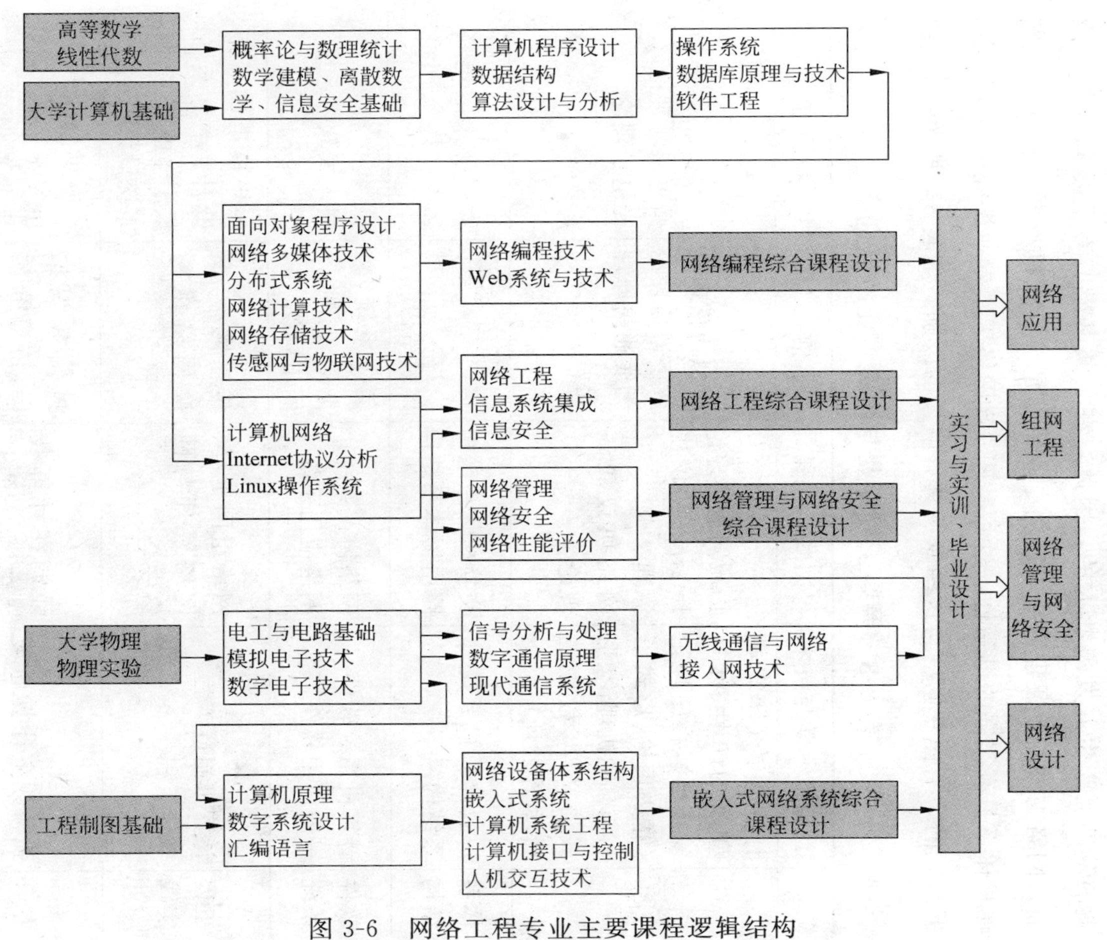

图 3-6 网络工程专业主要课程逻辑结构

3.5 与相近专业课程体系对比分析

由于网络工程专业是在计算机科学与技术、通信工程和电子工程等专业的基础上产生并发展壮大的，因此，在公共基础、专业基础课程等方面，网络工程专业课程体系与这些专业特别是与计算机科学与技术专业的课程体系具有很强的继承性，这可从图3-5网络工程专业课程体系中看出。但是，网络工程专业也与这些专业具有明显的区别，如表3-3所示。

表3-3 网络工程专业与相关专业的区别

	计算机科学与技术	网络工程	通信工程	电子工程
科学理论	计算理论（计算模型、可计算性、计算复杂性），程序理论（算法理论，形式语言与自动机理论、形式语义学、程序逻辑、程序验证）	局域网通信理论 Internet 协议栈原理 网络协议验证理论	模拟通信理论 数字通信理论 无线通信原理 光通信理论	微电子学理论 光电子理论
体系结构	一般计算机系统体系结构	交换机体系结构 路由器体系结构	信号传输设备、交换设备体系结构	大规模集成电路体系结构
软件系统	计算机系统软件 一般应用软件	网络协议系统 网络应用系统	信令系统、数据同步、时针同步协议	嵌入式软件系统
工程实践	计算机制造工程 软件工程	网络组网工程、网络管理与网络安全	传输网络、交换网络组网工程	大规模集成电路设计、片上系统设计、电子控制系统设计
专业特色	强调数字计算原理与方法	强调在计算技术基础上的信息交换与处理	强调数据编码、传输介质与信号传输过程控制	强调以电子技术作为基础与其他专业如计算机、机械、自动控制、生物的融合

3.5.1 与计算机专业课程体系对比分析

1. 培养目标与能力对比分析

用人单位对网络工程专业能力需求与对计算机专业能力需求既有一定的重叠，也各具其自身的独特性。围绕网络工程所涉及的各个环节，网络工程专业人才技能由网络设备的研究与设计、网络协议的设计与实现、网络应用系统的设计与开发、网络工程规划、设计与实施、网络系统的管理与维护、网络系统安全防范等六个方面组成。

根据教育部高等学校计算机教学指导委员会编写的《高等学校计算机专业人才专业能力构成与培养》一书中描述，计算机专业包括“计算思维、算法设计与分析、程序设计与实现、系统”四大基本能力，通俗地理解主要包括计算机硬件设计与研发能力、计算机系统软件设计与开发能力、计算机应用系统开发能力等。

根据能力培养的要求，计算机专业一般包括计算机工程（CE）、计算机科学（CS）、软件工程（SE）、信息系统（IS）、信息技术（IT）等5个专业方向，而网络工程专业也可包括网络设计（ND）、网络应用（NA）、组网工程（NE）、网络管理与网络安全（NMS）4个专业方向，但两个专业的侧重点是不一样的：

- 与CE相比，ND更注重在已有计算、存储、I/O等部件的基础上网络设备与系统的整体设计与实现，而不是处理器、存储设备等器件的设计与实现；
- 与CS相比，ND更注重网络应用模式、网络协议的效率、可靠性、安全性及其形式化验证等问题，而不是探索新的计算方法或计算理论；
- 与SE相比，NA更关注的是网络通信协议及基于网络的应用系统的设计与实现技术，而不是一般的计算机软件开发过程控制、软件质量管理方面的研究；
- 与IT相比，NE更关注网络工程的规划设计与论证、网络设备与基于网络的信息系统部署与集成、组网工程过程控制等问题；

- 与IS相比，NMS更关注网络整体、网络设备和信息系统个体的管理、维护和安全保障问题。

2. 课程体系对比分析

表3-4为某重点大学参考CC2005知识体系后制定的计算机科学与技术专业课程体系的部分模块，由于该校同时开设了网络工程专业，所以与网络工程专业相关的课程未包含在该体系中。

对于计算机专业而言，网络是信息获取与传输的一种有效工具，而对于网络工程专业而言，计算机系统是网络中的一个重要组件，相互之间既有密切的关系又具有明显的差异。对比分析计算机、网络工程两个专业的课程体系，其异同点如下。

（1）公共基础课程

作为工科专业，两个专业的公共基础课程如数理、工程基础、人文社科基础和政治理论基础应该是基本相同的。

（2）专业基础课

从专业基础课设置来看，两个专业在电类基础、计算技术基础和计算机软硬件系统基础方面没有太大差异，不同的是网络工程专业增加了通信技术基础课程，其中包括信号与系统、数据通信原理、通信系统等课程，以补充学生在通信领域特别是数字通信领域上的基础知识，为将来学习计算机网络、网络工程等课程打下良好基础，最终为网络硬件产品和网络通信协议设计能力的培养提供支撑。

（3）专业必修课程

从专业必修课设置来看，两个专业存在较大差异。计算机专业必修课程侧重介绍计算机系统的体系结构、计算机程序语言实现技术、数值分析与计算方法、人与计算机系统之间的操作接口技术等内容，典型的课程包括计算机体系结构、嵌入式系统、操作系统、编译原理、数值分析、人机交互技术等课程。

表 3-4 某重点大学计算机科学与技术专业课程体系

<table>
<tr><th>课程类别</th><th colspan="4">课 程 设 置</th></tr>
<tr><td>任选课程</td><td>VLSI 技术及应用
信息存储系统
并行计算机系统</td><td>并行程序设计
多媒体技术
网络计算技术</td><td>数据仓库与数据挖掘
信息安全技术
模式识别</td><td>分布式系统导论
数论与密码
决策支持系统</td></tr>
<tr><td rowspan="2">方向限选课程</td><td>计算机工程方向</td><td colspan="2">计算机科学方向</td><td>软件工程方向</td></tr>
<tr><td>信号分析与处理
数字系统设计
计算机系统工程
微机接口与控制
计算机系统性能评价</td><td colspan="2">抽象代数
面向对象程序设计
仿真与模拟技术
智能系统
图形和视觉计算</td><td>抽象代数
面向对象程序设计
软件测试与验证
软件项目管理
需求工程</td></tr>
<tr><td>专业必修课程</td><td>计算机体系结构
嵌入式系统</td><td colspan="2">数值分析
编译原理</td><td>计算机网络
人机交互技术</td></tr>
<tr><td rowspan="2">专业基础课程</td><td>电 类 基 础</td><td colspan="2">计算技术基础</td><td>计算系统基础</td></tr>
<tr><td>电工与电路
模拟电子技术
数字电子技术</td><td colspan="2">离散数学
数据结构
程序设计
算法设计与分析</td><td>计算机原理
操作系统
数据库系统
软件工程</td></tr>
</table>

网络工程专业必修课程侧重介绍网络设备与网络系统的组成与体系结构、计算机网络的原理、应用与实现技术、网络的规划、设计、建设相关技术、网络管理与网络安全技术等内容，典型的课程包括网络设备体系结构、嵌入式系统、计算机网络、Internet 协议分析与设计、网络工程、网络管理、网络安全等课程，淡化计算机专业的数值分析、编译原理、人机交互技术等课程。

(4) 专业选修课程

设置专业选修课的目的是通过不同的限选课的学习，使学生在专业方向与能力上有所区分，学生根据自己的职业爱好和学习能力选择一个或多个方向的课程进行学习。

对于计算机科学与技术专业而言，针对计算机工程方向，开设了计算机硬件系统设计、实现与工程、性能评价等课程，培养学生在计算机硬件系统方面的研发能力；针对计算机科学方向，开设了计算机仿真与模拟、图形与可视化计算、智能系统等课程，培养学生在科学计算方面的创新能力；针对软件工程方向，开设了计算机软件的需求分析、设计与开发、测试与验证方法等课程，培养学生在软件设计与开发方法方面的能力。

对于网络工程专业而言，针对网络设计方向，开设了数字逻辑、数字系统设计、计算机工程、微机接口与控制等课程，以培养学生在网络硬件系统设计方面的能力；针对网络应用方向，开设了面向对象程序设计、Web系统与技术、传感网与物联网技术、J2EE技术、.NET技术、网络计算技术、网络存储技术、分布式系统、多媒体技术等课程，以培养学生在网络系统软件和网络应用程序设计与开发方面的能力；针对网络工程方向，开设了信息系统集成、Linux操作系统、接入网技术、无线通信与网络等课程，以培养学生在网络组网、信息系统集成方面的能力；针对网络管理与安全方向，开设了网络性能评价、信息安全、网络故障诊断与维护、信息安全法规等课程，以培养学生在网络管理与信息安全防范方面的能力。

在选修课程方面，考虑到两个专业毕业的学生在读研、就业等方面的需要，在选修课的内容、教学要求等方面，两个专业可以共享教学资源、互相承认学分，学生根据各自的专业方向，进行跨专业的选课学习。

两个专业除了在课程体系方面存在上述差异外，在专业基础课程和专业课程中，有些课程名称在两个专业中相同或类似，但在课程内容、教学要求、教学实践等方面却存在一定的差异。为此，在网络工程专业教学过程中，可通过增加部分教学内容、设计教学案例或实验项目、改变教学要求来满足专业的特殊需求，具体处理方法如表3-5所示。

表 3-5 网络工程与计算机专业部分课程内容差异及处理方法

课程＼专业	计算机专业	网络工程专业	差异化教学方法
计算机原理与体系结构	一般计算机系统的处理器、存储器、总线、I/O 等部件的组成结构与工作原理	特定的网络设备如交换机、路由器等处理器、存储器、总线、I/O 接口等部件的组成结构、网络协议栈的组成及工作原理	增加"网络设备体系结构"一门课程或增加"网络设备体系结构"一章
嵌入式系统	一般用途的嵌入式系统原理、平台和实现技术	特定的网络交换机或路由器嵌入式系统的原理、平台和实现技术	在综合课程设计实验中增加嵌入式网络交换机或路由器系统的设计实验项目
操作系统	侧重计算机操作系统的进程调度、内存管理、文件管理、I/O 管理等原理与实现方法	强调网络环境下的操作系统和实时操作系统的功能、组成与应用	增加基于网络环境下的操作系统和实时操作系统内核的相关实验项目
数据库原理	侧重数据库原理、设计与实现技术	侧重数据库原理、基于网络环境下的数据库系统应用方法	增加基于网络环境下多种开发平台的数据库访问实验
计算机网络	侧重网络原理、网络应用技术的介绍	在网络原理的基础上,侧重网络协议分析、设计与实现、网络组网、网络管理与维护等技术	增加 Internet 协议分析与设计、网络工程、网络管理、网络安全等课程
程序设计	侧重算法设计方法、程序设计语言及面向对象程序设计方法	侧重基于网络环境下的 C/S 和 B/S 结构的应用程序设计方法	增加"网络编程技术"、"网络计算技术"等课程
计算机性能评价	侧重计算机硬件和软件系统的性能检测与评价方法	侧重网络整体和网络设备的性能检测与评价方法	增加"网络性能评价"课程

3.5.2 与通信工程专业课程体系对比分析

网络工程专业与通信工程专业同属于网络与通信领域，同跨电子、通信和计算机等学科，在专业定位方面，通信工程专业偏重于信号编码、信息的发送、传输和处理，以及通信设备、技术和系统的研发和使用；而网络工程专业则关注于网络新技术新产品的研发、组网工程的设计、规划、集成、网络应用软件的开发、网络系统的管理与维护等内容。由于两专业的定位和培养目标不同，因此，在网络工程专业的课程体系中，有关通信方面的课程应瞄准网络工程专业的培养目标，以够用和满足后续网络课程的学习和网络系统的研发为原则，以理解并掌握基本的通信理论、概念和工作原理并熟悉现代各种通信网络关键技术为要求，以通信类课程能否支撑网络类课程的学习和工程实践打下坚实的基础为衡量准则。因此两专业的通信类课程在内容深浅安排上应有明显不同，具体包括以下几个方面的区别。

1. 数理基础方面

通信工程专业关注信号的变换、传输、处理、检测及编码，其特有的专业基础课程有：信号与系统、数字信号处理、随机信号分析、电磁场与电磁波、信息论及编码等，通过学习这些课程，可为后续专业课程学习或将来进一步研发、运营、维护通信设备和系统打下理论基础。

网络工程专业则除了应注重掌握计算机理论基础知识外，还应加强学习与图论、排队论、Petri 网、线性与非线性规划等知识领域相关的理论课程，为进一步研究网络协议设计、网络拥塞控制、流量控制、网络性能分析等打下基础。因此在专业理论基础方面，两个专业的侧重点明显不同。

2. 通信技术基础方面

在通信技术基础方面，网络工程专业可开设以下两门课程，为将来计算机网络原理、网络工程等专业课程的学习打下良好的基础。

- 信号分析与处理：主要涵盖“信号与系统”的大部内容和“数字信

号处理”的部分内容，其主要知识点可包括：信号分析与处理的基本概念、连续信号分析（时域、频域、复频域）、离散信号分析（时域、频域、复频域）、信号处理基础、模拟和数字滤波器、信号分析与处理的MATLAB实现等内容。

- 数据通信原理：主要涵盖数据通信的基本概念（信号、噪声、信道和性能指标等）、信源编码、信道编码、基带传输、频带传输、同步等主要知识点。

3. 通信技术专业课程方面

在通信技术专业课程方面，应使学生了解和掌握现代信息社会各种常见通信网络（光纤通信网、数字程控交换网、宽带IP网络、微波和卫星通信网、无线通信与网络以及各种接入网等）的基本特点、协议、工作原理、关键技术以及组网和应用方面的内容，不管学生今后无论是进行核心网络还是接入网络，有线网络还是无线网络的规划、设计、运营和软硬件开发时都能具备足够的通信知识背景。

因此，在通信专业课程方面，网络工程专业开设以下专业课程。

- 现代通信网络：该课程可涵盖数字程控交换网、光纤通信网、宽带IP网络、智能网、NGN网等内容。
- 无线通信与网络：该课程可涵盖移动通信网、微波通信和卫星通信、无线局域网等内容；
- 接入网技术：该课程可涵盖以太接入、xDSL、HFC网、各种无线接入网。

4. 层次结构方面

通信工程专业着重于电信或广电等公共网络平台的建设与管理，应侧重学习和研究IP层以下的底层支撑通信网的协议、技术及相关知识点，为此，通常开设通信电子线路或高频电子线路和低频电子线路、微波技术与天线、光纤通信、卫星通信、移动通信、数字程控交换原理等课程，而网络工程专业一般不开设这些课程或涉及较浅。

网络工程专业着重于互联网、企业网、专用网以及接入网络的开发、管理及应用平台的建设和维护，侧重IP层以上的网络高层协议及相应软件的开发和应用，主要课程包括网络工程、Internet协议分析、网络编程技术、网络管理、网络安全、网络性能评价等课程。

5. 实践环节方面

两个专业的毕业生将来要走向的工作岗位有所不同，因此，在实践课程体系和实践能力培养方面也各有侧重。

通信工程专业将电子系统课程设计、DSP系统课程设计、通信原理课程设计以及通信工程综合课程设计等作为重点的课程设计内容。

网络工程专业将组网工程课程设计、网络协议或应用软件开发课程设计、网络管理课程设计、网络攻防课程设计等作为重点的课程设计内容。

3.5.3 与电子工程专业的关系

网络设备是一种特殊的电子系统，网络硬件设备的设计与开发离不开电子技术，所以，电子技术是网络工程专业的专业基础之一。为此，网络工程专业必须开设电工与电路、模拟电子技术、数字电子技术等电子技术基础课程，为后续的网络设备工作原理的理解与掌握、网络硬件系统的设计与开发等打下良好的基础。

3.6 课程体系实施计划

根据本课程体系，我们以重点大学网络工程专业课程教学为对象，以培养网络工程专业的网络设计、网络应用、网络工程、网络管理与安全等4个专业方向的技术人才（覆盖研究型、工程型和应用型）为目标，制定了以下课程教学实施计划。

3.6.1 课程教学实施计划

课程教学实施计划见表3-6和表3-7。

表 3-6 网络工程专业课程教学计划

课程模块	课程名称	考核方式	学分	学时安排				各学期学时分配							
				小计	讲授	实践	考核	第一学年		第二学年		第三学年		第四学年	
								秋	春	秋	春	秋	春	秋	春
政治理论基础	马克思主义基本原理	T	3	60	58		2		60						毕业设计与毕业实习
	中国近现代史	T	2	40	38		2			40					
	中国特色社会主义	T	2	40	34	4	2				40				
	当代世界经济与政治	T	2	40	38		2					40			
	小计		9	180	168	4	8		60	40	40	40			
人文社科基础	大学英语	T	12	240	232		8	60	60	60	60				
	思想品德与法律基础	T	2	40	38		2		40						
	哲学与心理学	T	2	40	38		2			40					
	语言文学与艺术	T	2	40	38		2				40				
	职业道德与素养	T	2	30	28		2					30			
	国防教育	T	2	30	28		2		30						
	体育	T	4	80		72	8	20	20	20	20				
	小计		26	500	402	72	26	80	150	120	120	30			
数理基础	高等数学	T	10	200	196		4	100	100						
	线性代数	T	2	40	38		2	40							
	概率论与数理统计	T	2	40	38		2				40				
	大学物理	T	6	120	96	20	4		60	60					
	小计		20	400	368	20	12	140	160	60	40				

续表

课程模块		课程名称	考核方式	学分	学时安排				各学期学时分配							
									第一学年		第二学年		第三学年		第四学年	
					小计	讲授	实践	考核	秋	春	秋	春	秋	春	秋	春
工程基础		大学计算机基础	C	2	40	30	8	2	40							毕业设计与毕业实习
		工程制图基础	T	2	40	34	4	2	40							
		小计		4	80	64	12	4	80							
专业基础	电子技术基础	电工与电路	T	3	60	48	10	2		60						
		模拟电子技术	T	3	60	48	10	2			60					
		数字电子技术	T	2	40	32	6	2				40				
		小计		8	160	128	26	6		60	60	40				
	通信技术基础	信号分析与处理	T	2	40	38		2			40					
		数据通信原理	T	2	40	34	4	2				40				
		现代通信系统	T	2	40	34	4	2					40			
		小计		6	120	106	8	6			40	40	40			
	计算技术基础	计算机程序设计	T	3	60	48	10	2		60						
		数据结构	T	3	60	50	8	2				60				
		离散数学	T	3	60	58		2			60					
		算法设计与分析	T	2	40	34	4	2					40			
		信息安全基础	T	2	40	34	4	2				40				
		小计		13	260	224	26	10		60	60	100	40			
	计算机系统基础	计算机原理与结构	T	3	60	50	8	2				60				
		操作系统	T	3	60	52	6	2					60			
		软件工程	T	2	40	30	8	2						40		
		数据库原理与技术	T	2	40	32	6	2						40		
		小计		12	200	164	28	8				60	60	80		

续表

课程模块	方向	课程名称	考核方式	学分	学时安排				各学期学时分配							
					小计	讲授	实践	考核	第一学年		第二学年		第三学年		第四学年	
									秋	春	秋	春	秋	春	秋	春
专业必修课程		计算机网络	T	3	60	50	8	2					60			毕业设计与毕业实习
		路由与交换技术	T	2	40	34	4	2					40			
		Internet 协议分析	T	2	40	32	6	2					40			
		嵌入式系统	T	2	40	34	4	2						40		
		网络工程	T	2	40	34	4	2						40		
		网络编程技术	T	2	40	32	6	2						40		
		网络管理	T	2	40	34	4	2							40	
		网络安全	T	2	40	32	6	2							40	
		小计		19	340	282	42	16					140	120	80	
专业选修课程	网络设计方向	数字系统设计	T	2	40	34	4	2					40			
		计算机系统工程	T	2	40	34	4	2							40	
		微机接口与控制	T	2	40	34	4	2							40	
		汇编语言程序设计	T	1	20	14	4	2						20		
		小计		7	140	116	16	8					40	20	80	
	网络应用方向	面向对象程序设计	T	2	40	32	6	2			40					
		Linux 操作系统	T	2	40	34	4	2							40	
		传感网与物联网技术	T	2	40	34	4	2							40	
		J2EE 技术	C	1	20	4	14	2							20	
		.NET 技术	C	1	20	4	14	2							20	
		网络计算技术	T	2	40	34	4	2							40	
		多媒体技术	T	2	40	34	4	2					40			
		小计		12	240	176	50	14			40		40		160	

续表

课程模块		课程名称	考核方式	学分	学时安排				各学期学时分配							
					小计	讲授	实践	考核	第一学年		第二学年		第三学年		第四学年	
									秋	春	秋	春	秋	春	秋	春
专业必修课程	网络工程方向	信息系统集成	T	2	40	34	4	2							40	毕业设计与毕业实习
		Web系统与技术	T	2	40	32	6	2							40	
		接入网技术	T	2	40	38		2							40	
		无线通信与网络	T	2	40	34	4	2							40	
		小计		8	160	138	14	8							160	
	网络管理与网络安全方向	网络性能评价	T	2	40	34	4	2							40	
		信息安全	T	2	40	32	6	2						40		
		信息安全法规	C	1	20	18		2							20	
		网络故障诊断与维护	C	1	20	2	18	0						20		
		小计		6	120	86	28	6						60	60	
合计				150	2900	2422	346	132	300	490	420	440	430	280	540	

注：1. 考核方式栏，考试填“T”，考察填“C”。

表 3-7 网络工程专业课程教学计划简表

课程类型		学分	学时安排				各学期学时分配							
			课时	讲授	实践	考核	第一学年		第二学年		第三学年		第四学年	
							秋	春	秋	春	秋	春	秋	春
公共基础课程	政治理论基础	9	180	168	4	8		60	40	40	40			毕业设计与毕业实习
	人文社科基础	26	500	402	72	26	80	150	120	120	30			
	数理基础	20	400	368	20	12	140	160	60	40				
	工程基础	4	80	64	12	4	80							
	小计	59	1160	1002	108	50	300	370	220	200	70			
专业基础课程	电子技术基础	8	160	128	26	6		60	60	40				
	通信技术基础	6	120	106	8	6			40	40	40			
	计算技术基础	13	260	224	26	10		60	60	100	40			
	计算机系统基础	12	200	164	28	8				60	60	80		
	小计	39	740	622	88	30	0	120	160	240	140	80		
专业必修课程	小计	19	340	282	42	16					140	120	80	
专业选修课程	网络设计方向	7	140	116	16	8					40	20	80	
	网络应用方向	12	240	176	50	14			40		40		160	
	网络工程方向													
	网络管理与安全方向	8	160	138	14	8						60	160	
	小计	33	660	516	108	36	0	0	40	0	80	80	460	
合计		150	2900	2422	346	132	300	490	420	440	430	280	540	

3.6.2 实践教学实施计划

实践教学的实施计划详见表 3-8。

表 3-8 实践教学安排

<table>
<tr><th></th><th colspan="3">实践内容</th><th>时间</th><th>学分</th><th>学期安排</th></tr>
<tr><td rowspan="10">必修教学实践</td><td colspan="2">课内实验</td><td>详见课程安排表</td><td></td><td></td><td>各学期</td></tr>
<tr><td rowspan="2">网络设计</td><td>综合课程设计 1</td><td>嵌入式网络设备开发课程设计</td><td>20</td><td>2</td><td>第三学年春</td></tr>
<tr><td>综合课程设计 2</td><td>网络协议分析与设计课程设计</td><td>20</td><td>2</td><td>第三学年春</td></tr>
<tr><td>网络工程</td><td>综合课程设计 3</td><td>网络工程课程设计</td><td>20</td><td>2</td><td>第三学年春</td></tr>
<tr><td>网络应用</td><td>综合课程设计 4</td><td>网络编程课程设计</td><td>20</td><td>2</td><td>第三学年秋</td></tr>
<tr><td rowspan="2">网络管理与安全</td><td>综合课程设计 5</td><td>网络管理与维护课程设计</td><td>20</td><td>2</td><td>第三学年秋</td></tr>
<tr><td>综合课程设计 6</td><td>网络安全防范课程设计</td><td>20</td><td>2</td><td>第三学年秋</td></tr>
<tr><td colspan="3">毕业实习</td><td>2 周</td><td>2</td><td>第四学年春</td></tr>
<tr><td colspan="3">毕业设计</td><td>14 周</td><td>14</td><td>第四学年春</td></tr>
<tr><td colspan="3">小计</td><td>120 ＋16 周</td><td>28</td><td></td></tr>
<tr><td rowspan="6">选修教学实践</td><td colspan="3">数学建模竞赛</td><td></td><td>2</td><td>第二、三学年</td></tr>
<tr><td colspan="3">ACM 程序设计竞赛</td><td></td><td>2</td><td>第二、三学年</td></tr>
<tr><td colspan="3">电子设计竞赛</td><td></td><td>2</td><td>第二、三学年</td></tr>
<tr><td colspan="3">嵌入式系统设计竞赛</td><td></td><td>2</td><td>第三、四学年</td></tr>
<tr><td colspan="3">信息安全竞赛</td><td></td><td>2</td><td>第三、四学年</td></tr>
<tr><td colspan="3">小计</td><td></td><td>10</td><td></td></tr>
<tr><td colspan="4">合　计</td><td>120 ＋16 周</td><td>38</td><td></td></tr>
</table>

3.6.3 各类课程比例分析

由于网络技术处于不断发展之中，除了在校学习的知识外，学生毕业后必须面对不断发展变化的新技术，为此，学生必须具有宽厚的专业基础知识。在本课程体系中，设置了电子技术基础、通信技术基础、计算技术基础、计算机系统基础以及数理基础和工程基础等基础课程，充分体现本科专业的“厚基础、宽口径”的基本原则，使学生具有较强的学习能力和发展后劲。本课程体系中，专业基础课时加上数理基础和工程基础课时占总课时的比例为42%。

由于网络工程的规模与技术的复杂性，现代企事业用人单位非常注重员工的工作态度、合作精神、沟通能力和学习能力，为此，必须通过公共基础课程的学习，以培养学生在思想品德、人文素养、职业素养等方面的综合能力与素质，本课程体系中，公共基础课程的课时占总课时的比例为40%。

为了培养学生在网络工程专业各方向的技术和技能水平，课程体系必须保证专业课的学习和实践能力的训练课时，使学生在毕业时掌握本专业各方向的基本的技术和技能，并具有较强的学习能力和创新能力。在本课程体系中，专业必修与选修课程的课时比为1∶2，专业必修和选修课程的课时占总课时的比例为35%。网络工程专业课程体系中各类课程及学分的比例如表3-9所示。

表3-9 各类课程所占总学时的百分比

课程类型		学分	占总学分的比例	课时	占总课时的比例	实践课时	占总课时的比例
公共基础课程	政治理论基础	9	5.56%	180	5.96%	4	0.13%
	人文社科基础	26	16.05%	500	16.56%	72	2.38%
	数理基础	20	12.35%	400	13.25%	20	0.66%
	工程基础	4	2.47%	80	2.65%	12	0.40%
	小计	59	36.42%	1160	38.41%	108	3.58%

续表

课程类型		学分	占总学分的比例	课时	占总课时的比例	实践课时	占总课时的比例
专业基础课程	电子技术基础	8	4.94%	160	5.30%	26	0.86%
	通信技术基础	6	3.70%	120	3.97%	8	0.26%
	计算技术基础	13	8.02%	260	8.61%	26	0.86%
	计算机系统基础	12	7.41%	200	6.62%	28	0.93%
	小计	39	24.07%	740	24.50%	88	2.91%
专业必修课程	小计	19	11.73%	340	11.26%	42	1.39%
专业选修课程	网络设计方向	7	4.32%	140	4.64%	16	0.53%
	网络应用方向	12	7.41%	240	7.95%	50	1.66%
	组网工程方向	8	4.94%	160	5.30%	14	0.46%
	网络管理与网络安全方向	6	3.70%	120	3.97%	28	0.93%
	小计	33	20.37%	660	21.85%	118	3.91%
专业实践课程	网络设计方向	4	2.47%	40	1.32%	40	1.32%
	网络应用方向	2	1.23%	20	0.66%	20	0.66%
	组网工程方向	2	1.23%	20	0.66%	20	0.66%
	网络管理与网络安全方向	4	2.47%	40	1.32%	40	1.32%
	毕业设计	12 周				480	16%
	毕业实习	4 周				160	5.2%
	小计	12	7.41%	120	3.97%	760	3.97%
合计		162	100%	3020	100%	1116	37%

3.6.4 课程选修指南

网络工程专业划分为网络设计、网络应用、组网工程、网络管理与网络安全 4 个专业方向，其能力主要由网络设备的研究与设计、网络协议的设计与实现、网络应用系统的设计与开发、网络工程规划、设计与实施、网络系统的管理与维护、网络系统安全防范等 6 个方面构成，专业方向与能力对应关系如表 3-10 所示。

表 3-10　网络工程专业方向与能力对应关系

<table>
<tr><th></th><th>专业方向</th><th>专业技能</th><th>工作岗位</th><th>人才类型</th></tr>
<tr><td rowspan="4">网络工程专业</td><td>网络设计</td><td>• 网络设备相关技术与产品(如交换机、路由器等)研究、设计、开发与生产能力
• 网络协议分析和实现能力</td><td>网络硬件工程师、网络协议分析师、网络设备测试工程师</td><td>科研型</td></tr>
<tr><td>网络应用</td><td>• 基于 C/S 的网络应用系统设计与开发能力
• 基于 Web 的网络应用系统设计与开发能力</td><td>网络软件工程师、网站设计师、网络软件测试工程师</td><td>应用型</td></tr>
<tr><td>组网工程</td><td>• 网络规划、组网方案设计能力
• 网络设备与系统安装、配置与调试能力</td><td>网络规划师、网络架构工程师、网络组网工程师、系统集成售前工程师</td><td rowspan="2">工程型</td></tr>
<tr><td>网络管理与网络安全</td><td>• 网络系统管理与维护能力
• 网络系统安全策略制定、网络安全系统部署、网络安全事故维护能力</td><td>网络管理员、网络安全工程师、网站维护工程师</td></tr>
</table>

根据学生将来不同的发展方向和工作岗位，将网络工程专业人才分为科学研究型、工程型与应用型三大类。三种类型人才在公共基础、专业基础和专业必修课程方面需要掌握的知识是相同的，只是在专业选修课程方面有所区别。下面针对每种类型人才，制定相应的课程选修指南，各学校可以根据本校网络工程专业培养目标与定位，选择一类或多类人才的课程体系进行培养。

1. 科学研究型人才课程选修指南

科学研究型人才将来主要从事网络新技术与新产品的研发、网络协议的分析与设计、网络应用系统的设计与开发等工作，在掌握网络工程专业公共基础、专业基础和专业核心技术的前提下，必须在硬件设计与开发、网络软件编程等方面加强训练，为此，针对研究设计型人才制定相应的专业选修课程，如表 3-11 所示。

表 3-11 科学研究型人才课程选修指南

	课程选修建议	课时	学分
专业实践课程（2门）	毕业设计、毕业实习	640	32
	嵌入式网络设备开发课程设计、网络协议设计课程设计	40	4
专业选修课程（8门）	数字系统设计、计算机系统工程、微机接口与控制、汇编语言程序、面向对象程序设计、无线通信与网络、传感网与物联网技术、Linux操作系统	320	16
专业必修课程（8门）	计算机网络、嵌入式系统、路由与交换技术、Internet 协议分析、网络编程技术、网络工程、网络管理、网络安全	340	18
专业基础课程（15门）	电子技术基础、通信技术基础、计算技术基础、计算机系统基础	740	36
公共基础课程（17门）	数理基础、工程基础、政治理论基础、人文社科基础	1160	58
	总课时合计	3240	164

2. 工程型人才课程选修指南

工程型人才将来主要从事网络系统的规划、网络方案的设计与实施、网络管理与维护等工作，在掌握网络工程专业公共基础、专业基础和专业核心技术的前提下，必须在网络设备与系统的安装配置与调试、网络与信息系统集成、网络性能评价等方面加强训练，为此，针对工程应用型人才制定相应的专业选修课程，如表 3-12 所示。

表 3-12 工程型人才课程选修指南

	课程选修建议	课时	学分
专业实践课程（2门）	毕业设计、毕业实习	640	32
	网络工程课程设计、网络应用系统开发课程设计	40	4
专业选修课程（11门）	信息系统集成、Web 系统与技术、Linux 操作系统设计、传感网与物联网技术、无线通信与网络、接入网技术、多媒体技术、网络性能评价、信息安全、信息安全法规、网络故障诊断与维护	400	20
专业必修课程（8门）	计算机网络、嵌入式系统、路由与交换技术、Internet 协议分析、网络编程技术、网络工程、网络管理、网络安全	340	18
专业基础课程（15门）	电子技术基础、通信技术基础、计算技术基础、计算机系统基础	740	36
公共基础课程（17门）	数理基础、工程基础、政治理论基础、人文社科基础	1160	58
	合计	3320	168

3. 应用型人才课程选修指南

应用型人才将来主要从事网络管理与维护等工作，在掌握网络工程专业公共基础、专业基础和专业核心技术的前提下，必须在网络设备与系统的安装配置与调试、网络与信息系统集成、网络性能评价等方面加强训练，为此，针对工程应用型人才制定相应的专业选修课程，如表 3-13 所示。

表 3-13 应用型人才课程选修指南

	课程选修建议	课时	学分
专业实践课程（2 门）	毕业设计、毕业实习	640	32
	网络管理课程设计、网络安全防范课程设计	40	4
专业选修课程（12 门）	面向对象程序设计、Web 系统与技术、Linux 操作系统设计、传感网与物联网技术、多媒体技术、网络计算技术、网络性能评价、J2EE 技术、.NET 技术、信息安全、信息安全法规、网络故障诊断与维护	400	20
专业必修课程（8 门）	计算机网络、嵌入式系统、路由与交换技术、Internet 协议分析、网络编程技术、网络工程、网络管理、网络安全	340	18
专业基础课程（15 门）	电子技术基础、通信技术基础、计算技术基础、计算机系统基础	740	36
公共基础课程（17 门）	数理基础、工程基础、政治理论基础、人文社科基础	1160	58
	合计	3320	168

3.6.5 课程体系特色

通过对用人单位关于网络工程专业人才技能需求进行调查分析，提炼出了网络工程专业人才能力构成六要素，为了培养这 6 个方面的能力，从计算机科学与技术、通信工程、电子工程等相关专业的知识体系中抽取了相关的专业基础核心知识单元和知识点，并结合网络工程专业人才培养定位目标和特点，将网络工程专业划分为网络设计、网络应用、组网工程和网络管理与安全 4 个专业方向，在此基础上设计了网络工程专业的示范课程体系，该体系具有以下特色。

1. 专业定位准确

网络工程专业的内涵包括但不限于组网工程，这是当前业界的共识，但部分学校的课程体系还停留在专业建设初期的组网工程或系统集成为主的年代，没有充分考虑到网络技术的发展、学生就业的影响，没有把网络体系结构的研究、网络硬件设备的设计与开发、网络协议的设计与开发、网络应用系统设计与开发、网络工程规划设计与实施、网络管理与网络安全等内容作为网络工程专业的重点教学内容，使网络工程专业课程体系不完善，由此导致毕业生知识面不宽广、科研能力弱、综合能力不强、就业面窄等一系列问题。

为了适应网络技术不断发展、网络工程的内涵不断扩展这种变化，满足社会对网络技术人才培养的需求，我们对网络工程专业的内涵进行了重新定位，使之涵盖上述6个方面的内容，既是网络技术发展的需要，也是网络工程专业发展与成熟的必然结果。

2. 学科基础厚实

网络工程专业是在计算机科学与技术、通信工程和电子工程等专业的基础上，通过多专业技术的交叉融合，内涵不断地丰富和扩展得以产生并迅速发展的一个新的学科和专业，因此，网络工程专业毕业的学生必须具备上述3个专业必要的基础知识。为此，本课程体系中除了政治理论基础、人文社科基础、数理基础和工程基础等公共基础课程外，还包括了电子技术基础、通信技术基础、计算技术基础和计算机系统基础等多门学科基础课程，学生只有掌握并夯实了这些基础知识，才能在面向未来网络领域的新技术、新产品的设计、开发、施工、管理与维护时触类旁通，应对自如。

3. 充分考虑对计算机专业知识的继承与拓展

由于网络工程专业是在计算机专业的基础上发展而来的，在课程体系和核心知识单元上，既考虑了对计算机专业的继承性，如在数理基础、电子技术基础、计算技术基础、计算机系统基础等方面与计算机专业基本相同，同时又考虑了网络工程专业的特点，增加了通信技术基础课程，并在专业必修课程和选修课程方面与计算机专业形成较大差异，围绕网络产品的软硬件系统的研发、网络应用系统的开发、网络规划设计与实施、网络系统的管理与维护、网络安全保障等方面的能力培养，重点加强了计算机网络系列课程的分量，突出网络工程专业自身的独特性，避免在课程体系方面与计算机专业的趋同性、能力培养上的同质化。

4. 采用层次化和模块化设计

课程体系由浅入深划分为公共基础课、专业基础课、专业课（含必修与选修）和专业实践课等多个层次，在专业课方面根据不同专业方向划分为网络设计、网络应用、网络工程和网络管理等多个模块，便于按专业方向进行选修与学习。

5. 研究型、工程型和应用型人才培养兼顾

课程体系的设置既考虑到了研究与设计型人才的培养，使学生具备网络新技术、产品、新应用的设计与开发能力，同时也考虑到工程与应用型人才的培养，强调工程实践能力的训练，使学生具备运用系统工程的方法和技术从事网络系统的规划设计、工程实施、系统管理与维护和网络安全保障等方面的能力。

6. 强化实践训练，突出能力培养

注重理论联系实际，强化实践环节训练。本课体系设置了课内实验、综合课程设计、自主创新学习与研究、学科竞赛、实训与实习和毕业设计等多个实践环节，有针对性地强化了网络设计、网络工程、网络应用、网络管理与网络安全等方向的实践教学内容，把培养学生创新思维和创新能力落实到理论与实践教学的全过程中。

此外，本课体系紧紧围绕网络工程所涉及的各个环节，重点针对网络工程专业在网络设备的研究与设计、网络协议的设计与实现、网络应用系统的设计与开发、网络工程规划、设计与实施、网络系统的管理与维护、网络系统安全防范等6个方面人才技能需求，按照网络设计、组网工程、网络应用、网络管理与安全等4个专业方向制定了相应的课程体系，以促进网络工程专业的教学水平和人才培养质量的提高，最终培养掌握本专业核心基础知识和专业知识、独具本专业必备技术、技能和必备素质的计算机网络技术人才。

3.7 小结

在明确了网络工程专业培养目标与能力的基础上，首次提出了将网络工程专业按专业培养目标和能力划分为网络设计、网络应用、组网工程和网络管理与网络安全4个专业方向。在此基础上，对网络工程专业的知识体系进行了设计与论证，确定了22个知识领域及对应的核心知识单元，并对网络工程专业课程体系进行了层次化和模块化设计，具体包括公共基础、专业基础、专业必修、专业选修和专业实践等5个层次以及网络设计、网络应用、组网工程和网络管理与网络安全4个模块，并给出了一个实施计划和修学指南。最后将课程体系与计算机专业、通信工程专业的体系进行对比分析，并对本课程体系的特色进行了总结。

第4章　网络工程专业课程标准

根据网络工程专业能力培养需求和知识领域、知识单元及核心知识点的要求，对部分专业基础课和核心专业课程，给出其课程基本情况介绍和覆盖的知识点情况、建议的学时数以及相关的教学参考信息。

4.1　专业基础课

4.1.1　信号分析与处理

1. 课程简介

本课程作为网络工程专业基础课程。本课程的主要内容包括信号与系统、线性时不变系统的时域分析、傅里叶分析（连续时间信号与系统，离散时间信号与系统）、拉普拉斯变换与Z变换、模拟和数字滤波、数字信号处理系统的组成、实现及应用举例等。通过本课程的学习，学生应牢固掌握信号与系统的时域、变换域分析的基本理论和基本方法，理解相关分析方法的数学概念、物理概念与工程概念，掌握利用信号与系统的基本理论与方法来分析和解决实际问题，为进一步学习和研究后续课程打下必要的基础。

2. 课程信息

课程名称	信号分析与处理			
	Signal Analysis and Process			
基本信息	开课时间	学分	总学时	课程性质
	第二学年(秋)	2	40	专业基础课

续表

<table>
<tr><td>先修课程</td><td colspan="6">高等数学，高等代数，电工与电路基础</td></tr>
<tr><td>后续课程</td><td colspan="6">数据通信，现代通信系统，无线通信与网络</td></tr>
<tr><td rowspan="7">课程主要内容</td><td>编号</td><td>知识单元</td><td>主要知识点</td><td>课时</td><td>重点</td><td>难点</td></tr>
<tr><td>1</td><td>基本概念</td><td>信号的定义、分类，信号处理目的及信号处理系统的类别和应用</td><td>2</td><td>信号分类，系统模型</td><td>信号描述</td></tr>
<tr><td>2</td><td>连续时间系统信号与系统分析</td><td>连续信号运算、分解，傅里叶级数、傅里叶变换及性质，拉普拉斯变换、收敛域、性质及系统分析方法</td><td>4</td><td>傅氏变换及性质，拉氏变换收敛域</td><td>傅氏变换及性质，复频域分析</td></tr>
<tr><td>3</td><td>离散时间信号与系统的时域分析</td><td>连续信号离散化，离散时间信号的基本运算，离散时间系统的定义与分类、数学模型，线性卷积，系统差分方程求解</td><td>6</td><td>信号离散化及运算，线性卷积，差分方程求解</td><td>线性卷积，差分方程求解</td></tr>
<tr><td>4</td><td>离散时间信号与系统的频域分析</td><td>序列信号的傅里叶变换、Z变换及系统求解，离散傅里叶变换、性质及快速算法，各种频域变换间的关系</td><td>6</td><td>离散傅里叶变换、Z变换。</td><td>FFT，Z变换</td></tr>
<tr><td>5</td><td>滤波器基础</td><td>模拟与数字滤波器的基本概念、结构及设计方法，IIR与FIR数字滤波器设计</td><td>8</td><td>基本概念、滤波器结构与设计</td><td>数字滤波器的设计</td></tr>
<tr><td>6</td><td>数字信号处理的实现技术</td><td>数字信号处理系统的组成及软、硬件实现技术</td><td>4</td><td>组成及实现方法</td><td>数字信号处理系统实现技术</td></tr>
</table>

续表

<table>
<tr><td rowspan="2">课程主要内容</td><td>编号</td><td>知识单元</td><td>主要知识点</td><td>课时</td><td>重点</td><td>难点</td></tr>
<tr><td>7</td><td>数字信号处理的应用</td><td>通信系统及语音信号的时域和频域分析，雷达目标识别和医学分析诊断中的信号处理，机械工程测试中的信号处理</td><td>4</td><td>通信系统频谱分析，语音信号分析</td><td>语音信号处理技术</td></tr>
<tr><td rowspan="3">课程实验</td><td>编号</td><td>实验名称</td><td colspan="3">主要内容</td><td>机时</td></tr>
<tr><td>1</td><td>离散信号与系统的时域分析</td><td colspan="3">用MATLAB表示常用的离散信号，实现离散信号的卷积，求解离散系统的单位响应及零状态响应</td><td>2</td></tr>
<tr><td>2</td><td>傅氏变换频域分析</td><td colspan="3">用MATLAB软件实现连续系统的傅里叶变换、分析LTI系统的频域特性和输出响应</td><td>2</td></tr>
<tr><td>课时分配</td><td colspan="6">课堂讲授34课时 ＋ 实验4课时 ＋ 考核2课时</td></tr>
<tr><td>教学方式</td><td colspan="6">课堂教学 ＋ 上机实验</td></tr>
<tr><td>主要教材</td><td colspan="6">谢平，王娜等．信号处理原理及应用．北京：机械工业出版社，2009</td></tr>
<tr><td>参考材料</td><td colspan="6">1. 靳希，杨尔滨等．信号处理原理与应用．第2版．北京：清华大学出版社，2008
2. 郑方，徐明星．信号处理原理．北京：清华大学出版社，2003</td></tr>
<tr><td>考核方式</td><td colspan="6">笔试70%＋实验15%＋作业15%</td></tr>
</table>

4.1.2 模拟电子技术基础

1. 课程简介

模拟电子技术基础是网络工程专业基础课。本课程的主要内容包括：电子器件的特性与模型，放大电路分析入门，放大电路动态分析，集成运算放大器，负反馈放大电路，放大电路的频率响应与稳定性分析，信号产生电路，功率变换电路，模拟信号运算和处理电路，信号转换和传输电路等。通过本课程的学习，学生应获得电子技术方面的基本知识、基本理论和基本技能，具有应用所学知识解决实际模拟电子技术问题的能力，为深入学习电子技术及其在专业中的应用打好基础。

2. 课程信息

<table>
<tr><td rowspan="2">课程名称</td><td colspan="6">模拟电子技术基础</td></tr>
<tr><td colspan="6">Fundamentals of Analog Electronics</td></tr>
<tr><td rowspan="2">基本信息</td><td colspan="2">开课时间</td><td>学分</td><td>总学时</td><td colspan="2">课程性质</td></tr>
<tr><td colspan="2">第二学年(秋)</td><td>3</td><td>60</td><td colspan="2">专业基础课</td></tr>
<tr><td>先修课程</td><td colspan="6">高等数学,大学物理,电工与电路基础</td></tr>
<tr><td>后续课程</td><td colspan="6">数字电子技术</td></tr>
<tr><td rowspan="3">课程主要内容</td><td>编号</td><td>知识单元</td><td>主要知识点</td><td>课时</td><td>重点</td><td>难点</td></tr>
<tr><td>1</td><td>电子器件的特性与模型</td><td>半导体二极管的特性及其电路分析,双极型三极管的伏安特性及其模型,场效应管的伏安特性及其模型,集成电路中的电子器件,半导体器件的制造工艺简介</td><td>4</td><td>电子器件的特性与模型;二极管应用电路的分析与计算</td><td>半导体器件的伏安特性,二极管电路计算方法</td></tr>
<tr><td>2</td><td>放大电路分析入门</td><td>模拟信号与数字信号、信号的频谱,交直流共存的放大电路分析方法,基本放大电路的组成及其静态分析</td><td>4</td><td>基本放大电路的组成及其静态分析</td><td>放大电路的特点,放大电路的组成和工作原理</td></tr>
</table>

续表

	编号	知识单元	主要知识点	课时	重点	难点
课程主要内容	3	放大电路动态分析	放大电路的动态性能指标，三极管的低频小信号模型，基本放大电路的动态分析，多级放大电路	4	三极管的低频小信号模型，基本放大电路的动态分析	放大电路的动态性能指标，放大电路小信号的微变等效电路分析
	4	集成运算放大器	集成运算放大器概述，集成运放中的电流源偏置电路，差分放大电路，集成运放的中间级和输出级，集成运放的主要性能指标，集成运放应用时应考虑的几个问题	4	电流源电路和差分放大电路的分析，集成运放应用时应考虑的问题	电流源电路和差分放大电路的工作原理，集成运放的主要性能指标和等效电路模型
	5	负反馈放大电路	反馈的基本概念与分类，负反馈对放大电路性能的影响，集成运放构成的负反馈电路，分立元件构成的负反馈电路	6	反馈的分类和判断方法，负反馈对放大电路性能影响的理解	反馈类型的判断方法，正确理解负反馈对放大电路性能的影响
	6	放大电路的频率响应与稳定性分析	频率响应概述，三极管的高频小信号模型，放大电路的分频段分析法，多级放大电路和集成运放的频率响应，负反馈放大电路的稳定性	4	多级放大电路和集成运放频率响应特点的理解，负反馈放大电路稳定性的理解	频率响应，放大电路的分频段分析，多级放大电路和集成运放的频率响应特点

续表

	编号	知识单元	主要知识点	课时	重点	难点
课程主要内容	7	信号产生电路	RC正弦波振荡器，LC正弦波振荡器，石英晶体振荡器，电压比较器，非正弦波产生器，单片集成多功能函数产生器	6	信号产生电路的原理，振荡电路的判断方法	电路振荡的原理和判断，单片集成多功能函数发生器
	8	功率变换电路	功率放大电路的特点和基本类型，功率放大电路的分析计算，集成功率放大器，整流、滤波、稳压电路，线性集成稳压电源	6	功率放大电路的特点和分析计算方法，线性集成稳压电源电路的分析	功率放大电路，直流稳压电源的组成和工作原理
	9	模拟信号运算和处理电路	信号处理电路概述，基本运算电路，仪用放大器，有源滤波器，模拟乘法器，在系统可编程模拟电路(ispPAc)	6	基本运算电路的分析与计算，信号处理电路原理的理解	基本运算电路
	10	信号转换和传输电路	数模转换电路，模数转换电路，电压/频率转换电路，频率/电压转换电路，模拟与数据通信系统概述，模拟调制与解调电路，集成锁相环及其应用	8	数模转换电路和模数转换电路的分析和使用	数模转换，模数转换；集成AD和DA器件，调制和解调电路、锁相环电路的工作原理和应用

续表

	编号	实验名称	主要内容	机时
课程实验	1	共射极单管放大电路	在实验平台上连线搭建基本共射极放大电路和工作点稳定的共射极放大电路，先测量直流静态工作点，然后在输入端接入交流信号，调节输入信号，使输出信号在不失真条件下幅度尽量大，用示波器观测和记录输入输出波形，并计算放大倍数	2
	2	正弦波信号产生器	RC串并联网络频率特性测试，用运放F007和RC串并联网络及合适的电阻元件和电位器组成正弦波产生器，调节电位器使输出有正弦波输出，用示波器观测和测量，在电路中添加二极管以改善输出波形	2
	3	电子制作训练	学生在实验室或其他地方自主完成一台超外差收音机套件的安装、焊接和调试	2
课时分配	课堂讲授52课时 ＋ 实验6课时 ＋ 考核2课时			
教学方式	课堂教学 ＋ 上机实验			
教材	郑家龙等．集成电子技术教程(上下册)．北京：高等教育出版社，2008			
参考材料	1. 刘芸等．电路与电子技术基础．北京：高等教育出版社，2006 2. 康华光．电子技术基础—模拟部分．第5版．北京：高等教育出版社，2006			
考核方式	笔试70% ＋ 实验20% ＋ 平时作业10%			

4.1.3 数字电子技术基础

1. 课程简介

数字电子技术基础是网络工程专业基础课。本课程的主要内容包括：逻辑代数基础、集成逻辑门电路、组合逻辑电路、触发器和时序逻辑电路、大规模数字集成电路等。通过本课程的学习，学生可以获得数字逻辑电路和系统分析与设计的基本知识、基本理论和基本技能，培养学生分析和应用数字电路的能力，为后续相关课程的学习和从事专业的应用工作奠定必要的基础。

2. 课程信息

<table>
<tr><td rowspan="2">课程名称</td><td colspan="6">数字电子技术基础</td></tr>
<tr><td colspan="6">Fundamentals of Digital Electronics</td></tr>
<tr><td rowspan="2">基本信息</td><td colspan="2">开课时间</td><td>学分</td><td>总学时</td><td colspan="2">课程性质</td></tr>
<tr><td colspan="2">第二学年(春)</td><td>2</td><td>40</td><td colspan="2">专业基础课</td></tr>
<tr><td>先修课程</td><td colspan="6">高等数学,模拟电子技术基础</td></tr>
<tr><td>后续课程</td><td colspan="6">数字系统设计</td></tr>
<tr><td rowspan="2">课程主要内容</td><td>编号</td><td>知识单元</td><td>主要知识点</td><td>课时</td><td>重点</td><td>难点</td></tr>
<tr><td>1</td><td>逻辑代数基础</td><td>逻辑代数中的三种基本运算,逻辑代数的基本公式和常用公式,逻辑代数的基本定理,逻辑函数及其表示方法,逻辑函数的公式化简法,逻辑函数的卡诺图化简法</td><td>4</td><td>逻辑代数的基本公式定理；逻辑函数的卡诺图化简法</td><td>逻辑函数的公式化简法和卡诺图化简法</td></tr>
</table>

续表

	编号	知识单元	主要知识点	课时	重点	难点
课程主要内容	2	集成逻辑门电路	半导体二极管和三极管的开关特性，集成TTL门电路，集成CMOS门电路，各类门电路应用时的注意事项，可编程逻辑阵列(PLD)	4	TTL门电路和CMOS门电路的工作原理和特性分析	TTL反相器和CMOS反相器，简单可编程逻辑阵列
	3	组合逻辑电路	组合逻辑电路的分析方法和设计方法，编码器，译码器，数值比较器，二进制加法器，数据分配器和数据选择器，奇偶校验器，用可编程逻辑器件设计组合逻辑电路，组合逻辑电路中的竞争	8	常用中规模组合逻辑电路的设计和应用	组合逻辑电路的分析和设计方法，低密度可编程逻辑器件
	4	触发器	触发器的电路结构与动作特点，触发器的逻辑功能及其描述方式	4	各种类型触发器的逻辑功能和描述方式	各种类型触发器的逻辑功能和描述方式
	5	时序逻辑电路	时序逻辑电路的分析方法，寄存器，计数器，顺序脉冲发生器和序列信号发生器，时序逻辑电路的设计方法	8	常用时序逻辑电路的分析与设计	时序逻辑电路的分析方法，顺序脉冲发生器和序列信号发生器，时序逻辑电路的设计方法

续表

<table>
<tr><td rowspan="2">课程主要内容</td><td>编号</td><td>知识单元</td><td>主要知识点</td><td>课时</td><td>重点</td><td>难点</td></tr>
<tr><td>6</td><td>大规模数字集成电路</td><td>随机存取存储器(RAM),只读存储器(ROM),高密度可编程逻辑器件简介,在系统可编程逻辑器件,现场可编程门阵列 FPGA,高密度PLD器件的简单应用示例,应用PLD器件实现数字系统</td><td>4</td><td>各类存储器的电路结构和工作原理的理解</td><td>随机存储器(RAM),只读存储器(ROM),高密度可编程逻辑器件</td></tr>
<tr><td rowspan="4">课程实验</td><td>编号</td><td>实验名称</td><td colspan="3">主要内容</td><td>机时</td></tr>
<tr><td>1</td><td>TTL 集电极开路门及三态门电路</td><td colspan="3">在实验平台上按要求连线,在电路输入端加入 TTL 方波信号,用示波器观测输入、输出波形。要求正确连线,检查无误再加电</td><td>2</td></tr>
<tr><td>2</td><td>四位串行进位加法器</td><td colspan="3">分别用不同的逻辑门器件构成四位二进制串行进位加法器,数据输入由实验台的开关提供,加法结果由实验台上的指示灯显示输出。要求正确连线,检查无误再加电,输入测试码检查电路逻辑功能的正确性</td><td>2</td></tr>
<tr><td>3</td><td>数字式电子钟</td><td colspan="3">用十六进制计数器 74LS193 和与非门等器件构成一个 24 进制的电子钟(具有分、时功能)。要求在实验台上对电路模块合理布局,正确连线,检查无误再加电</td><td>2</td></tr>
<tr><td>教学方式</td><td colspan="6">课堂讲授 32 课时 + 实验 6 课时 + 考核 2 课时</td></tr>
<tr><td>教材</td><td colspan="6">王小海等. 集成电子技术教程(下册). 北京:高等教育出版社,2008</td></tr>
</table>

续表

参考材料	1. 刘真等．数字逻辑原理与工程设计．北京：高等教育出版社，2003 2. 阎石．数字电子技术基础．第5版．北京：高等教育出版社，2006 3. 〔美〕Charles H. Roth，Jr.．逻辑设计基础．第5版．解晓萌等译．北京：机械工业出版社，2005
考核方式	笔试80％＋实验10％＋作业10％

4.1.4 数字系统设计

1. 课程简介

数字系统设计是网络工程专业基础课。本课程的主要内容包括：数字逻辑和数字系统设计的相关概念和基本原理，数字系统工程设计中的有关问题，数字系统设计的模型、算法、过程和方法，数字系统设计中的可测性技术和可靠性设计技术，数字系统设计实例。过课程学习，学生可以掌握数字逻辑和数字系统设计的相关知识，了解数字系统设计过程、主要指导原则及关键技术，了解基本的可测性和可靠性设计技术，着重培养学生的数字系统设计能力。

2. 课程信息

课程名称	数字系统设计			
	Digital System Design			
基本信息	开课时间	学分	总学时	课程性质
	第三学年(秋)	2	40	专业基础课
先修课程	模拟电子技术基础，数字电子技术基础			
后续课程	嵌入式系统			

续表

	编号	知识单元	主要知识点	课时	重点	难点
课程主要内容	1	数字系统设计概述	数字系统发展概述；数字系统设计方法	2	数字系统设计的基本概念、设计过程和实现方法	数字系统设计基本概念、设计和实现方法
	2	数字系统的建模和结构	设计与模型；数字系统的模型； 数字系统的结构	4	基本的数字系统模型及其在系统设计应用中常用的衍生方式，控制器结构和数据通路结构	数字系统模型，控制器结构和数据通路结构
	3	数字系统的设计方法	数字系统设计的一般步骤；数字系统的算法设计；数字系统的算法描述；系统结构的选择和设计；数字系统优化的基本方法；数字系统设计中的几个工程实际问题	6	数字系统的算法设计、算法描述和硬件实现需要考虑的问题	数字系统设计
	4	数字系统的Verilog语言描述、设计及综合	硬件描述语言(Verilog语言)简述；数字系统的设计；数字系统的仿真；数字系统的逻辑综合；数字系统的下载	8	运用硬件描述语言(Verilog语言)进行基本数字系统的设计	Verilog语言与实际电路的对应关系
	5	数字系统检测与可测性设计	组合逻辑检测；时序电路检测； 边界扫描；内置自测试	4	运用数字系统检测进行数字系统的可测性设计	数字系统检测与可测性设计

续表

	编号	知识单元	主要知识点	课时	重点	难点
课程主要内容	6	数字系统可靠性评估与可靠性设计	可靠性评估；容错设计；电磁兼容设计；内置自测试	4	可靠性评估，基本数字系统的可靠性设计技术	数字系统的可靠性设计
	7	数字系统设计实例	讲述一个具体的实例，通过数字系统设计的各阶段，最终完成设计的全过程	6		
课程实验	编号	实验名称	主要内容			机时
	1	电梯控制器逻辑设计及其验证	基本部分（必做）：实现至少一个电梯的分组多层控制，要求具有同时或者不同时上、下、等待的功能 发挥部分（选做）：设计的电梯控制器尽量满足降低运行成本和尽可能多的减少等待时间的原则			2
	2	交通灯控制器逻辑设计及其验证	基本部分（必做）：实现一个十字路口交通灯的基本控制，要求具有左转、右转、直行、等待的功能 发挥部分（选做）：设计的交通灯控制器满足尽可能少的车辆等待时间、最大化十字路口的利用率的原则			2
教学方式	课堂讲授 34 课时＋实验 4 课时＋考核 2 课时					
教材	侯伯亨等．现代数字系统设计．西安：西安电子科技大学出版社，2006					
参考材料	1. 蒋璇等．数字系统设计与 PLD 应用技术．北京：电子工业出版社，2005 2. John F. Wakerly. 数字设计原理与实践．林生等译．北京：机械工业出版社，2005					
考核方式	笔试 60％ ＋实验 30％＋作业 10％					

4.1.5 嵌入式系统

1. 课程简介

嵌入式系统是网络工程专业的一门专业选修课。本课程的主要任务是使学生能够了解嵌入式领域发展动态，掌握嵌入式系统的基本技术和系统设计方法，着重培养学生的嵌入式系统设计能力。课程内容包括：嵌入式处理器的概述，ARM微处理器的编程模型；存储与接口；嵌入式操作系统的定义、分类以及构成，典型实时操作系统；嵌入式系统设计方法、嵌入式系统的可靠性、低功耗以及性能优化方法等。通过本课程学习，学生能够把所学知识灵活地应用到嵌入式的实际系统中，同时提高学生嵌入式系统设计和应用能力。

2. 课程信息

<table>
<tr><td rowspan="2">课程名称</td><td colspan="6">嵌入式系统</td></tr>
<tr><td colspan="6">Embedded System</td></tr>
<tr><td rowspan="2">基本信息</td><td colspan="2">开课时间</td><td>学分</td><td>总学时</td><td colspan="2">课程性质</td></tr>
<tr><td colspan="2">第三学年(春)</td><td>2</td><td>40</td><td colspan="2">专业选修课</td></tr>
<tr><td>先修课程</td><td colspan="6">计算机程序设计,操作系统,计算机原理</td></tr>
<tr><td>后续课程</td><td colspan="6">网络路由与交换技术</td></tr>
<tr><td rowspan="2">课程主要内容</td><td>编号</td><td>知识单元</td><td>主要知识点</td><td>课时</td><td>重点</td><td>难点</td></tr>
<tr><td>1</td><td>嵌入式系统概论</td><td>嵌入式系统的定义、基本特征、体系结构、发展现状与趋势、应用;嵌入式系统的设计过程、实例分析</td><td>4</td><td>嵌入式系统的定义、基本特征、体系结构</td><td>嵌入式系统的设计过程</td></tr>
</table>

续表

	编号	知识单元	主要知识点	课时	重点	难点
课程主要内容	2	嵌入式处理器	嵌入式处理器的基本情况、特点、分类，典型嵌入式处理器、发展趋势及选择原则，ARM 微处理器的编程模型	6	嵌入式处理器的基本情况、特点、分类	ARM 微处理器的编程模型
	3	存储与接口	典型存储器选择以及存储器时序分析（含硬件设计）、中断控制器与 DMA 控制器、GPIO、定时/计数器（含软硬件设计）、RS-232C 及 UART 接口（含软硬件设计）	8	存储器时序分析、中断控制器、GPIO、定时/计数器、RS-232C 及 UART 接口	I/O 接口技术与应用，理解通信接口 RS-232C，存储器的基本特点、组织，I/O 接口的基本工作原理
	4	嵌入式操作系统	嵌入式操作系统的定义、分类以及构成，实时操作系统，典型嵌入式操作系统以及选择原则，μC/OS-II 操作系统，μClinux 操作系统	8	嵌入式操作系统，实时操作系统，典型嵌入式操作系统	理解 μC/OS-Ⅱ、μClinux 开发平台的构成及开发过程
	5	嵌入式系统的软件设计	实时编程结构（查询、中断、前后台、时间片轮转、非抢占式、抢占式），BSP 设计，Bootloader 设计，应用程序设计，嵌入式系统的开发模式	6	实时编程结构，嵌入式系统的开发模式	了解 BSP 设计、Bootloader 设计、应用程序设计

续表

<table>
<tr><td rowspan="2">课程主要内容</td><td>编号</td><td>知识单元</td><td>主要知识点</td><td>课时</td><td>重点</td><td>难点</td></tr>
<tr><td>6</td><td>嵌入式系统的高级技术</td><td>可靠性设计，低功耗设计，嵌入式系统分析与优化，高性能嵌入式计算</td><td>2</td><td>可靠性、低功耗设计技术</td><td>嵌入式系统的性能分析与优化、高性能嵌入式计算</td></tr>
<tr><td rowspan="3">课程实验</td><td>编号</td><td>实验名称</td><td colspan="3">主要内容</td><td>机时</td></tr>
<tr><td>1</td><td>基于前后台系统的串口通信实验</td><td colspan="3">熟悉串口的工作原理；熟悉中断或者DMA的概念和工作原理；熟悉前后台系统的概念和基本编程思想；数据（事务）的合并与分割；能够用汇编语言编写初始化代码并调用C程序；能够用C语言编写相关程序</td><td>2</td></tr>
<tr><td>2</td><td>μClinux操作系统定制、移植和加载实验</td><td colspan="3">掌握内核交叉编译环境的建立和使用；掌握μClinux内核的配置和裁剪；了解μClinux的启动过程</td><td>2</td></tr>
<tr><td>教学方式</td><td colspan="6">课堂讲授34课时＋实验4课时＋考核2课时</td></tr>
<tr><td>教材</td><td colspan="6">王志英等．嵌入式系统原理与设计．北京：高等教育出版社，2007</td></tr>
<tr><td>参考材料</td><td colspan="6">1. Raj Kamal. 嵌入式系统——体系结构、编程与设计．陈曙晖译．北京：清华大学出版社，2005
2. Michael Barr，Anthony Massa. Programming Embedded Systems. O'Reilly Press，2006</td></tr>
<tr><td>考核方式</td><td colspan="6">笔试70%＋实验20%＋作业10%</td></tr>
</table>

4.1.6 Linux操作系统

1. 课程简介

本课程作为网络工程专业选修课程，主要介绍Linux操作系统的基本概念、内核的组成与工作原理、系统的安装、配置与使用方法、Linux环境下网络编程技术以及网络应用服务的安装与配置方法等内容。

通过本课程的学习，学生可以理解Linux内核的组成与工作原理、掌握Linux操作系统的安装配置与使用方法、掌握在Linux环境下的网络应用服务的安装与配置方法、了解GCC编译系统和GDB编程调试工具、掌握Linux环境下C语言进行网络编程方法等基本技术和技能，为将来从事网络工程与信息系统建设相关工作奠定必要的实践基础。

2. 课程信息

<table>
<tr><td rowspan="2">课程名称</td><td colspan="6">Linux操作系统</td></tr>
<tr><td colspan="6">Linux Operating System</td></tr>
<tr><td rowspan="2">基本信息</td><td colspan="2">开课时间</td><td>学分</td><td colspan="2">总学时</td><td>课程性质</td></tr>
<tr><td colspan="2">三年级(秋季)</td><td>2</td><td colspan="2">40</td><td>专业选修</td></tr>
<tr><td>先修课程</td><td colspan="6">高级语言程序设计,计算机网络,操作系统</td></tr>
<tr><td>后续课程</td><td colspan="6">网络工程</td></tr>
<tr><td rowspan="2">课程主要内容</td><td>编号</td><td>知识单元</td><td>主要知识点</td><td>课时</td><td>重要性</td><td>难度</td></tr>
<tr><td>1</td><td>Linux系统概述</td><td>Linux的历史、现状和特点、Linux系统安装与配置、内核裁剪与升级、图形用户环境</td><td>2</td><td>Linux系统的安装与配置</td><td>Linux图形环境</td></tr>
</table>

续表

	编号	知识单元	主要知识点	课时	重点	难点
课程主要内容	2	Linux Shell	Shell 简介、环境变量的设置、Shell 基本功能、Linux 常用命令、Shell 编程	4	Linux 常用命令	Linux 常用命令
	3	Linux 内核技术	进程管理、文件系统、内存管理、进程通信、设备管理、终端、异常和系统调用、网络系统	6	进程管理、进程通信、系统调用、网络系统	进程管理、进程通信
	4	常用工具	vi、sed、grep、sort、awk、tar、rpm 等应用程序的使用	4	vi、grep、tar、rpm 应用程序的使用	vi 的使用
	5	Linux 编程环境	gcc 编译系统、GDB 程序调试工具、程序维护工具 make 与 MAKEFILE、系统调用和库函数、多线程编程	6	gcc 编译系统、系统调用和库函数、多线程编程	多线程编程
	6	Linux 系统管理	引导和关闭、用户和工作组管理、文件系统与文件管理、网络配置、应用程序管理、系统安全管理、系统性能优化	4	文件系统与文件管理、网络配置、系统性能优化	系统性能优化
	7	网络应用及管理	网络文件系统 NFS、电子邮件服务、Web 服务、FTP 服务、telnet 服务、DNS 服务等服务系统的配置、使用与管理	4	电子邮件服务、Web 服务、DNS 服务等服务系统的配置	电子邮件服务、DNS 服务系统的配置

续表

	编号	知识单元	主要知识点	课时	重点	难点
课内实验	1	RedHat Linux 安装与配置实验	RedHat Linux 操作系统安装与配置	2	RedHat Linux 操作系统安装与配置	RedHat Linux 操作系统安装
	2	Linux 环境下的 C 语言网络应用编程实验	Linux 环境下用 C 语言进行多线程的网络应用系统编程	2	Linux 环境下用 C 语言进行多线程编程	Linux 环境下用 C 语言进行多线程编程
教学方式	课堂讲授 34 课时＋实验 4 课时＋考核 2 课时					
主要教材	文东戈，孙昌立，王旭．Linux 操作系统实用教程．北京：清华大学出版社，2009					
参考材料	冯昊．Linux 服务器配置与管理．北京：清华大学出版社，2005					
考核方式	笔试 70％＋实验 20％＋作业 10％					

4.1.7　汇编语言

1. 课程简介

汇编语言是网络工程专业的一门专业基础课。汇编语言作为计算机软硬件的接口与界面，提供给用户直接操控硬件的能力和程序的高效性是其他语言所不能替代的。本课程以 80x86 微机为蓝本，介绍 80x86 汇编语言指令系统、汇编语言程序设计和调试方法。主要内容包括：80x86 微机结构组织；80x86 微机指令系统；80x86 宏汇编语言；汇编语言程序设计；宏指令与条件汇编等。通过本课程的学习，学生可以了解汇编语言的特点，掌握汇编语言程序设计和调试方法，能灵活运用汇编语言解决实际问题。

2. 课程信息

<table>
<tr><td rowspan="2">课程名称</td><td colspan="6">汇编语言</td></tr>
<tr><td colspan="6">Assembly Language</td></tr>
<tr><td rowspan="2">基本信息</td><td colspan="2">开课时间</td><td>学分</td><td colspan="2">总学时</td><td>课程性质</td></tr>
<tr><td colspan="2">第三学年(春)</td><td>1</td><td colspan="2">20</td><td>专业基础课</td></tr>
<tr><td>先修课程</td><td colspan="6">计算机基础,计算机程序设计</td></tr>
<tr><td>后续课程</td><td colspan="6">嵌入式系统,网络路由与交换技术</td></tr>
<tr><td rowspan="4">课程主要内容</td><td>编号</td><td>知识单元</td><td>主要知识点</td><td>课时</td><td>重点</td><td>难点</td></tr>
<tr><td>1</td><td>80x86 微机结构组成</td><td>80x86 CPU 内部结构、寄存器、内存组织、数据表示</td><td>2</td><td>80x86 CPU 的寄存器,内存分段管理</td><td>堆栈结构与用途,数据表示及其存放形式</td></tr>
<tr><td>2</td><td>80x86 微机指令系统</td><td>80x86 的工作模式,代码/符号指令格式、寻址方式及其符号表示,数据传送类、算术运算类、位操作类和常用的处理机控制类指令</td><td>4</td><td>寻址方式及其符号表示,合法的指令形式,指令含义</td><td>数据传送、算术运算、位操作三类常用指令的使用</td></tr>
<tr><td>3</td><td>80x86 的宏汇编语言</td><td>语句的格式、域,各种常用指示性语句</td><td>4</td><td>指令性语句与指示性语句的异同,数值/地址表达式的使用,常用数据定义、符号定义、过程定义、模块定义与通信、段定义伪指令</td><td>数值表达式、地址表达式的使用,常用数据定义、符号定义、过程定义、模块定义与通信、段定义伪指令</td></tr>
</table>

续表

<table>
<tr><td></td><td>编号</td><td>知识单元</td><td>主要知识点</td><td>课时</td><td>重点</td><td>难点</td></tr>
<tr><td rowspan="2">课程主要内容</td><td>4</td><td>汇编语言程序设计的基本技术</td><td>源程序的基本结构，程序控制类和串操作类指令，直接、分支、循环程序设计技术，子程序设计技术与系统功能调用</td><td>4</td><td>源程序的基本结构形式，程序控制类和串操作类指令，分支和循环程序设计技术，子程序设计技术与多模块编程技术</td><td>程序控制类和串操作类指令，使用所学知识编制包含分支、循环、子程序和系统功能调用的源程序</td></tr>
<tr><td>5</td><td>宏指令与条件汇编</td><td>宏定义、宏调用和宏扩展，常用条件汇编伪指令</td><td>2</td><td>宏指令与子程序的差异，宏操作符的使用</td><td>宏指令和条件汇编的使用场合与使用方法，宏操作符的使用</td></tr>
<tr><td rowspan="3">课程实验</td><td>编号</td><td>实验名称</td><td colspan="3">主要内容</td><td>机时</td></tr>
<tr><td>1</td><td>分支程序设计与调试</td><td colspan="3">编制汇编语言程序，在 EditPlus 集成环境下调试并运行该程序，直到得出正确结果。记录程序运行结果以及发现的程序错误，要求更改原始数据以遍历每一个分支</td><td>2</td></tr>
<tr><td>2</td><td>子程序、系统功能调用和多模块程序设计</td><td colspan="3">掌握大型程序的设计与调试技术，掌握单步执行与跟踪执行的异同以及它们在子程序调试中的作用。编制汇编语言程序，在 EditPlus 集成环境下调试并运行该程序，直到得出正确结果。记录程序运行结果以及发现的程序错误，要求比较单一模块与多模块编程的差异</td><td>2</td></tr>
</table>

续表

教学方式	课堂讲授 14 课时＋实验 4 课时＋考核 2 课时
教材	王保恒等．80x86 宏汇编语言程序设计及应用．北京：高等教育出版社，2009
参考材料	1. Peter Abel. IBM PC Assembly language and Programming. Fifth Edition. 北京：清华大学出版社，2006 2. 沈美明，温冬婵．IBM PC 汇编语言程序设计．第 2 版．北京：清华大学出版社，2006
考核方式	笔试 70％＋实验 20％＋作业 10％

4.1.8　离散数学

1. 课程简介

离散数学是网络工程专业的一门专业基础课。课程主要内容包括集合、关系、函数、命题逻辑、谓词逻辑及图论的基础理论及其性质以及相关的方法及应用。通过本课程的学习，学生可以熟悉并掌握集合的运算及数学归纳法、关系和函数的概念及其性质和运用方法；理解集合和序偶的概念、关系及其表示法，掌握哈斯图、函数的像和原像，熟悉并掌握命题概念和一阶谓词逻辑的基本概念以及公式和合式公式的解释，理解代入定理和置换定理，熟悉并掌握无向图和有向图中的各种基本概念，掌握图的表示方法以及判断图的性质和特殊类型图的算法和方法。

2. 课程信息

课程名称	离散数学＋抽象代数			
	Discrete Mathematics			
基本信息	开课时间	学分	总学时	课程性质
	第二学年(秋)	3	60	专业基础

续表

先修课程	程序设计，操作系统，数据结构					
后续课程	高等数学					
课程主要内容	编号	知识单元	主要知识点	课时	重点	难点
	1	集合	集合及其表示；集合的运算和性质；自然数和数学归纳法；笛卡儿乘积	4	数学归纳法；集合的表示法；集合的运算法及其性质	集合的运算法及其性质
	2	二元关系	关系、关系矩阵和关系图；关系的运算（逆关系、关系的合成、关系的闭包）及其性质；相容关系和相容类、等价关系、等价类、划分和商集；序关系、哈斯图、全序结构和良序结构	8	等价关系；关系的运算及其性质；关系及其表示法；序关系	等价关系，关系运算
	3	函数	部分函数和函数；函数的合成及其性质；逆函数及其性质；特征函数；函数的基数和鸽笼原理	4	函数，函数的合成，逆函数及有关性质	函数的合成，逆函数及有关性质
	4	命题逻辑	命题和命题联接词；合式公式及其解释；合式公式判定方法	4	合式公式的解释；永真式；合式公式的等价和蕴含	合式公式的等价和蕴含

续表

	编号	知识单元	主要知识点	课时	重点	难点
课程主要内容	5	谓词逻辑	个体变元、个体常元、函词、谓词和量词，项、合式公式及其解释，永真式、永假式、合式公式的等价和蕴含及有关的基本公式，永真式和永假式的判定	6	一阶谓词逻辑的基本概念，合式公式的解释；命题符号化，永真式、永假式及有关判定问题	命题符号化，永真式、永假式及有关判定问题
	6	图论	图的基本概念；图的运算和子图；路径、回路和连通性；欧拉图和哈密顿图；图的矩阵表示及其性质；树、有向树和有序树及其性质；最小生成树和最优二叉树及其求法；平面图、二部图、网路流及其应用	8	图的基本概念和运算；路径、回路和连通性；图的矩阵表示；树、有向树和有序树及其性质；最小生成树	图的运算，最小生成树和最优二叉树
	7	代数结构	代数运算、代数结构、同态与同构、同余关系、商代数结构与积代数结构	4	运算封闭性、同态、同构、同余关系	商代数和积代数的基本概念和构造方法
	8	半群、幺半群和群	半群、幺半群和群的基本性质；子群、群同态、置换群、交换群和循环群；不变子群、商群与群同构定理	6	半群、群、子群、群同态、交换群和循环群判定条件	拉格朗日定理、商群和群同构定理

续表

<table>
<tr><td rowspan="3">课程主要内容</td><td>编号</td><td>知识单元</td><td>主要知识点</td><td>课时</td><td>重点</td><td>难点</td></tr>
<tr><td>9</td><td>环和域</td><td>环和域的基本性质、多项式环和环同态定理；有限域、伽罗瓦域和模 p(x)多项式域的基本性质</td><td>6</td><td>有限域、和伽罗瓦域模 p(x)多项式域的基本性质</td><td>不可约多项式的判定和构造</td></tr>
<tr><td>10</td><td>格和布尔代数</td><td>格的定义和格的代数性质；有界格、有补格、分配格的基本性质；布尔代数和子布尔代数</td><td>6</td><td>格运算关系式的推导，有界格、有补格、分配格的判定条件</td><td>子格、格的积代数、保序映射和次序同构映射、格同态和格同构</td></tr>
<tr><td rowspan="2">课程实验</td><td>编号</td><td>实验名称</td><td colspan="3">主要内容</td><td>机时</td></tr>
<tr><td>1</td><td>Coq 定理证明器使用</td><td colspan="3">学习使用 Coq 定理证明器，用 Coq 对给定的定理进行描述，并给出证明结果</td><td>2</td></tr>
<tr><td>教学方式</td><td colspan="6">课堂讲授 56 课时＋实验 2 课时＋考核 2 课时</td></tr>
<tr><td>教材</td><td colspan="6">王兵山等．离散数学．长沙：国防科技大学出版社，2001</td></tr>
<tr><td>参考材料</td><td colspan="6">1. KENNETH H. ROSEN. 离散数学及其应用(英文影印版．第 6 版). 北京：机械工业出版社，2008
2. BERNARD KOLMAN，ROBERT C. BUSBY，SHARON CUTLER ROSS. 离散数学结构．第五版．罗平译．北京：高等教育出版社，2005
3. 耿素云，屈婉玲，张立昂．离散数学．第四版．北京：清华大学出版社，2008
4. 毛晓光，刘万伟，洪贵．离散数学考试要点与真题精解．长沙：国防科技大学出版社，2007</td></tr>
<tr><td>考核方式</td><td colspan="6">笔试 70%＋综合大作业 20%＋平时作业 10%</td></tr>
</table>

4.1.9　程序设计

1. 课程简介

计算机程序设计是网络工程专业基础课。本课程的知识体系有三个方面：计算机程序设计语言、计算机编程和计算机问题求解。本课程最基本的目标是使学生掌握用一种计算机程序设计语言（C++）表达算法的技能，使学生掌握结构化程序设计方法，培养学生基本的分析问题和利用计算机求解问题的能力。进一步使学生掌握学习高级程序设计语言的一般方法，养成良好的程序设计风格，对面向对象程序设计方法和软件工程有初步的认识。通过计算机程序设计概念的学习和计算机程序设计方法的训练，学生将对计算机问题求解的实质有更深刻的理解，以便更有效利用计算机解决专业领域的问题。

2. 课程信息

<table>
<tr><td rowspan="2">课程名称</td><td colspan="6">程序设计</td></tr>
<tr><td colspan="6">Programming</td></tr>
<tr><td rowspan="2">基本信息</td><td colspan="2">开课时间</td><td>学分</td><td>总学时</td><td colspan="2">课程性质</td></tr>
<tr><td colspan="2">第一学年(春)</td><td>3</td><td>60</td><td colspan="2">专业基础课</td></tr>
<tr><td>先修课程</td><td colspan="6">大学计算机基础</td></tr>
<tr><td>后续课程</td><td colspan="6">数据结构,算法设计与分析,网络编程技术等</td></tr>
<tr><td rowspan="2">课程主要内容</td><td>编号</td><td>知识单元</td><td>主要知识点</td><td>课时</td><td>重点</td><td>难点</td></tr>
<tr><td>1</td><td>引言</td><td>计算机算法及表示，C与C++程序结构、开发方法、编程环境等,结构化和面向对象程序设计方法、风格等简介</td><td>2</td><td>计算机算法及表示、C与C++语言区别、结构化程序设计方法</td><td>计算机算法及表示、面向对象程序设计方法</td></tr>
</table>

续表

	编号	知识单元	主要知识点	课时	重点	难点
课程主要内容	2	数据类型、运算符与表达式	C++语言的字符集、标识符和关键字，基本数据类型及转换，常量和变量，运算符和表达式	4	基本数据类型、变量、运算符和表达式	类型转换、运算符和表达式
	3	输入和输出	字符输入输出函数、格式化输入输出函数、通过流进行输入输出	2	格式化输入输出函数	格式化输入输出函数
	4	控制结构	C++的语句，顺序结构、选择结构、循环结构，控制转移语句，应用示例	6	If 等六类语句的语法和语义	用各类语句编程求解问题
	5	函数	函数的定义、原型说明、调用和参数传递，函数重载，变量的存储类别，递归及分治法等问题求解示例	6	函数的定义、函数的调用和参数传递	函数参数传递、问题求解
	6	数组	一维及多维数组，字符串与字符数组，顺序查找、二分查找、冒泡排序等问题求解示例	4	一维和二维数组、数组的应用	二维数组及应用
	7	指针	指针的定义与运算、指针与数组的关系、字符指针与字符串的关系、字符串处理库函数、指针与函数的关系	4	指针概念及与数组的关系、指针作函数参数、动态内存分配	指针的定义与运算、指针作函数参数的机制

续表

	编号	知识单元	主要知识点	课时	重点	难点
课程主要内容	8	结构、联合、枚举	结构的定义、访问及应用,联合的定义和使用,枚举的定义和使用	4	结构的定义、应用及与函数、数组和指针的关系	结构的定义与应用
	9	链表	自引用结构、链表的概念,动态内存分配及应用,单向链表的定义与操作	4	链表的概念、单向链表的操作	单向链表的操作、问题求解及编程
	10	文件	文件及其指针,文件的打开、建立和关闭,文件的顺序和随机读写,文件操作的出错检测	2	文件指针概念、文件的多种打开方式、顺序读写	文件的多种打开方式、文件的顺序读写
	11	面向对象程序设计基本概念	面向对象程序设计语言和方法的产生和发展,程序设计的特点,C++结构和相关概念	2	面向对象程序设计特点,C++中类和对象的概念	C++面向对象程序中类和对象的概念
	12	C++面向对象程序设计	类和对象的定义及使用,运算符重载、继承及多态性的概念和实现,C++软件渐增式开发	4	类的定义、继承的实现、多态性的实现	多态性的实现
	13	Windows应用程序的开发	图形用户界面的相关概念,Windows 应用程序的开发	2	Windows应用程序的开发过程	Windows 应用程序的开发过程

续表

	编号	实验名称	主要内容	机时
课程实验	1	熟悉开发环境	了解和使用 Visual C++语言集成开发环境,并尝试实现一个顺序结构程序	1
	2	数据类型、运算符和表达式	学会使用 C++语言的基本数据类型及相关算术运算符,并进一步熟悉 C++程序的编辑、编译、连接和运行的过程	1
	3	顺序结构程序设计	熟悉顺序结构程序,掌握基本的输入输出方法	1
	4	选择结构程序设计	掌握 C++语言表示逻辑量的方法,学会正确使用逻辑运算符和逻辑表达式,熟练掌握 if 语句和 switch 语句	1
	5	循环结构程序设计	熟练掌握 for 语句和 while 语句,了解 break 和 continue 语句的使用	1
	6	使用函数编写多模块程序	掌握定义函数的方法,掌握函数实参与形参的对应关系以及"值传递"的方式,掌握函数的嵌套调用和递归调用的方法	1
	7	数组的使用	掌握一维数组和二维数组的使用方法	1
	8	指针的使用	学会定义和使用指针变量,能正确使用字符串的指针和指向字符串的指针变量,使用指针操纵数组元素,函数调用时,使用指针进行按址传递	2
	9	结构体的使用	体会和了解结构的用途,掌握结构的使用方法	1
	10	文件操作	学会使用文件打开、关闭、读、写等文件操作函数	1
	11	综合实验	输入多个学生的数学、英语和程序设计成绩,统计每位学生的总分,并按总分从高到低的顺序显示学生成绩信息。注意,学生人数通过键盘输入	选作

续表

教学方式	课堂讲授46课时+实验12课时+考核2课时
教材	徐锡山,周会平等.C++程序设计及应用.北京:清华大学出版社,2009
参考材料	1. 谭浩强.C++程序设计.北京:清华大学出版社,2004 2. 王挺等.C++程序设计.北京:清华大学出版社,2005
考核方式	笔试60%+上机实验30%+作业10%

4.1.10 算法设计与分析

1. 课程简介

算法设计与分析课程是网络工程专业基础课。本课程的主要内容包括:计算模型与计算复杂性的测度、递归技术、分治法、动态规划法、贪心法、回溯法、分支限界法、复杂性分类等。它的主要任务是使学生掌握各种一般的算法设计方法及常用的算法分析技术,同时使学生对计算机科学理论的某些方向有所了解。学完本课程后,学生的程序设计能力以及程序评判能力都可望有较大的增强。

2. 课程信息

课程名称	算法设计与分析			
	Design and Analysis of Algorithm			
基本信息	开课时间	学分	总学时	课程性质
	第三学年(秋)	2	40	专业基础课
先修课程	概率论与数理统计,集合论与图论,计算机程序设计,数据结构			
后续课程	网络程序课程设计			

续表

	编号	知识单元	主要知识点	课时	重点	难点
课程主要内容	1	计算模型与计算复杂性的测度	算法、时间复杂性、空间复杂性、有效算法、最佳算法、最坏情况下的复杂性、期望复杂性、均匀耗费标准、对数耗费标准;复杂性分类体系;随机存取模型的结构、指令系统、工作方式及其简化模型	4	算法、时间复杂性、空间复杂性、有效算法、最佳算法、最坏情况下的复杂性、期望复杂性、均匀耗费标准、对数耗费标准;	随机存取模型的结构、指令系统、工作方式及其简化模型
	2	递归技术	递归过程的概念及其与非递归过程的关系;递归过程的设计与实现技术;如何用数学归纳法来证明递归过程的正确性,以及如何用递归方程或生成函数来分析递归过程的复杂性	4	递归方程的求解;用数学归纳法来证明递归过程的正确性,以及如何用递归方程或生成函数来分析递归过程的复杂性	递归方程的求解
	3	分治法	分治法的基本思想以及平衡对复杂性的影响;分治法如何应用于排序、整数乘、矩阵乘、马的周游路线以及顺序统计等问题的求解	4	分治法的基本方法	分治法的基本方法

续表

	编号	知识单元	主要知识点	课时	重点	难点
课程主要内容	4	动态规划法	动态规划法的基本思想、应用条件(最佳原理)以及应用效果;动态规划法求解实际问题(矩阵链乘法、最长公共子序列、最优多边形三角剖分、单源最短路径、最佳折半查找树、资源分配、多机系统的可靠性设计、旅行商以及流水作业车间调度)	6	动态规划法的基本思想、基本算法	动态规划法求解实际问题
	5	贪心法	贪心法的基本思想;用贪心法得到的算法的正确性的证明;贪心法求解实际问题(活动选择问题、背包问题、多处理机调度、最佳合并顺序、带时限的作业调度、最佳存储)	6	贪心法的基本算法	贪心法求解求解实际问题
	6	回溯法	回溯法的基本思想、有关的基本概念(如解向量、显约束、隐约束、问题状态、状态空间、解状态集、回答状态集、状态空间树、扩展节点、活节点、死节点)、回溯过程的一般结构以及回溯过程的复杂性估计;回溯法求解实际问题(N后问题、子集和问题、图的可着色性问题以及哈密顿回路问题)	6	回溯法的基本思想、有关的基本概念,回溯过程的一般结构以及回溯过程的复杂性估计	回溯法求解实际问题

续表

	编号	知识单元	主要知识点	课时	重点	难点
课程主要内容	7	分支限界法	分支限界法的基本思想(最小代价优先搜索与限界)以及有关的复杂性分析问题;分支限界法求解实际问题(带时限的作业调度问题、旅行商问题)	4	分支限界法的基本思想和复杂性分析	分支限界法求解实际问题
	8	复杂性分类	确定型图灵机、非确定型图灵机、P问题类、NP问题类、多项式归约以及NP完全问题等基本概念;COOK定理、若干重要的NP完全问题以及复杂性分类体系	4	掌握确定型图灵机、非确定型图灵机、P问题类、NP问题类、多项式归约以及NP完全问题等基本概念	了解COOK定理、若干重要的NP完全问题以及复杂性分类体系
教学方式	课堂讲授38课时+课外实验10课时+考核2课时					
教材	Thomas H. Cormen, Charles E. Leiserson, Ronald L. Rivest, Clifford Stein. Introduction to Algorithms. Second Edition. The MIT Press, 2006					
参考材料	1. 姜新文,彭立宏,殷建平.算法设计与分析.长沙:国防科技大学出版社,2008 2. 卢开澄.计算机算法导论——设计与分析.第2版.北京:清华大学出版社,2006 3. 王晓东.算法设计与分析习题解答.第2版.北京:清华大学出版社,2008 4. 吕国英.算法设计与分析.北京:清华大学出版社,2006 5. Sara Baase and Alan Van Gelder. Computer Algorithms: Introduction to Design and Analysis. Third Edition. Addison-Wesley Publishing Company, 2000					

续表

考核方式	笔试70%＋上机实验20%＋作业10%

4.1.11　数据结构

1. 课程简介

数据结构是网络工程专业的一门专业基础必修课。本课程介绍抽象数据类型、基本数据结构以及如何用C++的类来描述抽象数据类型，主要内容包括基本数据类型、抽象数据类型、顺序表、链表、串、树和二叉树、图以及在这些数据结构上的常用运算及其应用等。通过本课程的学习，学生可以具有利用计算机解决非数值计算中的数据抽象、数据结构设计与算法设计的能力，具有利用面向对象的程序设计方法处理数据结构的能力，能分析所设计的算法的效率。

2. 课程信息

课程名称	数据结构					
	Data Structures					
基本信息	开课时间		学分	总学时	课程性质	
	第二学年(春)		3	60	专业基础	
先修课程	大学计算机基础,计算机程序设计					
后续课程	算法设计与分析					
课程主要内容	编号	知识单元	主要知识点	课时	重点	难点
	1	概述	数据结构的逻辑结构、存储方法、算法复杂度分析，基本数据类型、抽象数据类型与类描述	2	逻辑结构，存储方法，抽象数据类型	算法复杂度分析

续表

	编号	知识单元	主要知识点	课时	重点	难点
课程主要内容	2	线性表	线性表及其类描述，向量、栈和队列的概念、类描述、运算及其应用	4	向量、栈和队列的概念、运算与应用	栈及其运算
	3	链表	单链表、循环链表和双链表的概念、类描述、存储表示、运算的函数实现及其应用	6	栈和队列的链表实现，循环链表和双链表	双链表
	4	串	串的顺序存储与链接存储，串类与串运算，朴素的模式匹配算法，KMP 匹配	4	串运算，模式匹配	KMP 匹配
	5	排序	直接插入排序，折半插入排序，Shell 排序，直接选择排序，树型选择排序，起泡排序，快速排序，基数排序，二路归并排序	8	折半插入排序，树型选择排序，快速排序，基数排序，二路归并排序	折半插入排序，树型选择排序
	6	查找	查找的基本概念与查找效率分析，顺序查找，折半查找，分块查找，散列查找	4	查找算法的效率分析，折半查找，分块查找，散列查找	折半查找，散列查找及其冲突处理
	7	树和二叉树	树及其表示，二叉树、完全二叉树与满二叉树，树及树林的遍历与二叉树遍历的转换，二叉树的遍历算法	8	二叉树的基本概念，二叉树的遍历	二叉树的遍历

续表

	编号	知识单元	主要知识点	课时	重点	难点
课程主要内容	8	树型结构的应用	二叉排序树，平衡的二叉检索树、B树、B＋树，Huffman最优树与树编码，堆排序	6	二叉排序树，平衡的二叉检索树，Huffman最优树，堆排序	平衡的二叉检索树、B树、B＋树，堆排序
	9	图	有向图、无向图与网络，图的不同存储方式，图结构的类描述及其运算，图的遍历，最小代价生成树、最短路径、拓扑排序以及关键路径	8	图的存储，图的遍历，最小代价生成树、最短路径、拓扑排序以及关键路径	最小代价生成树、最短路径、拓扑排序以及关键路径

	编号	实验名称	主要内容	机时
课程实验	1	马的遍历	在一个8×8方格的国际象棋棋盘上，从任何一个方格开始，让马按允许的走步规则（L型走法）以及J.C.Warnsdorff规则走遍所有方格，每个方格至少准走一次	2
	2	简单图书管理系统	设计一个图书管理系统，每一种书在系统中都存放书名、书目编号、作者名、现有册数和当前借阅者姓名等信息，实现加新书、删去旧书以及各种检索功能	2
	3	家族谱系	某家族谱系用＜x,y＞表示y是x的子女，其中y、x的类型均为＜n,s＞表示n的性别是s。设计实现判断家族谱系是否正确以及输出家族谱系图的算法	2
	4	路由选择问题	按照要求设计路有选择算法，求出带权网络中给定两点间的第一、第二和第三最短路径	2

续表

教学方式	课堂讲授50课时+实验8课时+考核2课时
教材	熊岳山,陈怀义,姚丹霖．数据结构-C++描述．第二版．长沙：国防科技大学出版社,2004
参考材料	1. 熊岳山等．数据结构与算法．北京：电子工业出版社,2007 2. 王晓东．算法设计与分析．北京：清华大学出版社,2003 3. 严尉敏等．数据结构．第二版．北京：清华大学出版社,1992 4. 许卓群等．数据结构．北京：高等教育出版社,1987 5. Cormen G H, Leisersen C E, Rivest R L, Stein C. Introduction to Algorithm. 2nd ed. New York: McGraw-Hill, 2001 6. Richard Johnsonbaugh, Marcus Schaefer. 大学算法教程．北京：清华大学出版社,2007
考核方式	笔试70%+实验20%+作业10%

4.1.12 计算机原理

1. 课程简介

计算机原理是网络工程专业基础课。课程主要内容包括：计算机系统概述、指令系统、运算方法和运算器、计算机的数据通路与控制器、存储器与存储层次结构、输入输出系统、总线、多处理技术与计算机互连等。通过本课程的学习，学生可以掌握计算机的基本概念、基本组成、工作原理和实现方法，具备基本功能CPU的设计能力，掌握从计算机技术角度分析、解决本专业领域的实际工程问题的思维方式，培养灵活应用所学知识进行计算机系统基本设计的能力，为后续课程的学习和工程实践应用打好基础。

2. 课程信息

<table>
<tr><td rowspan="2">课程名称</td><td colspan="6">计算机原理</td></tr>
<tr><td colspan="6">Computer Principles</td></tr>
<tr><td rowspan="2">基本信息</td><td colspan="2">开课时间</td><td>学分</td><td>总学时</td><td colspan="2">课程性质</td></tr>
<tr><td colspan="2">第二学年(春)</td><td>3</td><td>60</td><td colspan="2">专业基础课</td></tr>
<tr><td>先修课程</td><td colspan="6">计算机基础,电工与电路基础,数字电子技术基础,计算机程序设计</td></tr>
<tr><td>后续课程</td><td colspan="6">计算机网络,网络路由与交换技术</td></tr>
<tr><td rowspan="4">课程主要内容</td><td>编号</td><td>知识单元</td><td>主要知识点</td><td>课时</td><td>重点</td><td>难点</td></tr>
<tr><td>1</td><td>计算机系统概述</td><td>计算机发展历程、计算机系统层次结构、计算机的工作过程、计算机的主要性能指标</td><td>4</td><td>计算机硬件的基本组成、计算机软件的分类、计算机的主要性能指标</td><td>计算机系统性能指标</td></tr>
<tr><td>2</td><td>指令系统</td><td>计算机中的数据表示、计算机的指令格式、指令的寻址方式、指令系统分类及其设计</td><td>8</td><td>计算机中的数据表示、指令的基本格式、指令的寻址方式</td><td>计算机中数据表示、指令寻址方式、指令系统设计</td></tr>
<tr><td>3</td><td>运算方法和运算器</td><td>逻辑及算术的基本运算、定点数的运算、浮点数的运算、运算器组织</td><td>8</td><td>定点数的移位运算、加(减)法运算、乘法运算、除法运算、浮点数的加(减)法运算</td><td>定点数和浮点数运算方法</td></tr>
</table>

续表

	编号	知识单元	主要知识点	课时	重点	难点
课程主要内容	4	计算机的数据通路与控制器	CPU的基本结构、指令执行过程、数据通路的建立、流水线的基本结构、控制器的功能和基本设计技术、硬连线控制器的组成及其实现、微程序控制器的组成及其实现	10	数据通路的建立、流水线的基本结构、控制器的功能和基本设计技术	利用硬连线控制器设计方法实现流水化数据通路的基本功能和控制
	5	存储器与存储层次结构	存储器基本概念、分类和性能指标、半导体随机存取存储、只读存储器、闪存Flash、主存储器与CPU的连接、外存储器,包括磁盘存储器、光盘存储器、并行存储系统、存储器的层次结构、虚拟存储器	10	存储器的基本概念、分类和性能指标;主存储器与CPU的连接、存储器的层次结构	存储器层次结构中各个存储部件的工作机理、结构组成和地位作用
	6	总线	计算机模块结构和互连、总线的基本概念、分类、组成及性能指标、总线的设计和使用、常用总线标准	8	总线的基本概念、分类、组成及性能指标;总线仲裁、总线操作和定时	运用总线构造计算机系统
	7	多处理技术与计算机互连	计算机并行的基本概念、互连技术与网络拓扑结构、多处理技术	4	计算机并行的基本概念、多处理技术	多处理技术的应用

续表

	编号	知识单元	主要知识点	课时	重点	难点
课程主要内容	8	输入输出系统	输入输出系统的基本特性、外部设备的基本构成和工作原理、I/O接口(I/O控制器)控制的基本概念、I/O接口的功能和基本结构、I/O端口及其编址、I/O控制方式、计算机的异常处理及控制异常检测	6	I/O控制的基本概念、中断和DMA控制方式、常用I/O接口控制器应用技巧	各种I/O控制方式的应用
教学方式	课堂讲授58课时＋考核2课时					
教材	王保恒等．计算机原理与设计．北京：高等教育出版社，2005					
参考材料	1. David A. Patterson等．计算机组成和设计．北京：清华大学出版社，2003 2. William Stallings. 计算机组织与结构．北京：电子工业出版社，2001 3. Randal E. Bryant等．深入理解计算机系统．北京：中国电力出版社，2004					
考核方式	笔试85%＋作业15%					

4.1.13　数据库原理

1. 课程简介

数据库原理课程是网络工程专业基础课。本课程系统介绍数据库的基础知识、基本理论、原理和实现技术以及主流商品数据库管理系统的使用方法。主要内容包括数据库基本概念、关系数据模型、关系数据语言、数据库分析和设计技术、面向对象的数据模型和对象关系数据模型、数据库的物理组织、查询处理与优化、事务管理、数据库安全、数据库应用开发和数据库技术发展等。通过本课程的学习，学生可以获得数据库使用、设计、管理和研究的基本知识和能力，为学生进一步的学习和今后的工作打下扎实的基础。

2. 课程信息

<table>
<tr><td rowspan="2">课程名称</td><td colspan="6">数据库原理</td></tr>
<tr><td colspan="6">Principles of Databases</td></tr>
<tr><td rowspan="2">基本信息</td><td colspan="2">开课时间</td><td>学分</td><td colspan="2">总学时</td><td>课程性质</td></tr>
<tr><td colspan="2">第三学年(春)</td><td>3</td><td colspan="2">60</td><td>专业基础课</td></tr>
<tr><td>先修课程</td><td colspan="6">计算机程序设计,数据结构,操作系统</td></tr>
<tr><td>后续课程</td><td colspan="6">计算机网络,网络编程技术</td></tr>
<tr><td rowspan="3">课程主要内容</td><td>编号</td><td>知识单元</td><td>主要知识点</td><td>课时</td><td>重点</td><td>难点</td></tr>
<tr><td>1</td><td>数据库系统基本概念</td><td>数据库、数据库管理系统、数据库(应用)系统的研究对象、基本概念、总体结构；实体模型等</td><td>6</td><td>数据库系统的构成。实体模型的基本概念。DBMS的功能、数据描绘语言与操作语言、数据字典等</td><td>数据库的三级模式、两级映射、数据独立性；数据字典；</td></tr>
<tr><td>2</td><td>关系模型</td><td>关系模型的基本概念和完整约束条件；ER模型到关系模型的转化;关系代数、关系元组演算和关系域演算三类关系运算；Access和Oracle两个RDBMS简介</td><td>8</td><td>关系的定义、完整约束;关系代数的基本运算与重要的非基本运算,关系代数表达式的等价;元组(域)关系演算公式。关系运算的安全性,三种关系运算表达能力的等价性,关系完备性</td><td>关系的完整约束；元组(域)关系演算公式。关系运算的安全性，三种关系运算表达能力的等价性，关系完备性</td></tr>
</table>

续表

	编号	知识单元	主要知识点	课时	重点	难点
课程主要内容	3	SQL语言	SQL语言的各种数据定义和数据查询语句；交互式以及在程序中如何使用这些语句	8	SQL的各种查询子句SQL的BNF描述；SQL的各种数据定义语句；嵌入式和API两种程序式SQL	SQL的各种查询子句SQL的BNF描述；SQL的各种数据定义语句；嵌入式和API两种程序式SQL
	4	关系数据库设计	数据库设计方法学；各种数据相关性、关系的分解、各种范式；逆规范化	8	关系框架的分解、关系的范式(1NF至BCNF)。	关系框架上的函数依赖、FD公理与推理规则；无损(保值)与保持相关性分解、基于函数相关性的各级范式
	5	数据的物理组织	文件的基本结构、文件的索引结构、多关键字检索、数据存储新技术	4	无	文件空间动态变化的HASH技术；B+树
	6	查询处理与优化	查询处理、查询优化	4	无	典型操作的访问例程。基于代价估算的查询优化
	7	事务管理	事务状态与特性；基于封锁、基于时标和其他的并发控制技术；基于延迟修改和基于立即修改的恢复技术	4	事务管理的基本概念、事务特性ACID	可串行化调度、两段锁协议。基于日志的恢复、检查点机制

续表

	编号	知识单元	主要知识点	课时	重点	难点
课程主要内容	8	数据库安全	DB保护的基本内容；完整约束的说明与检验；安全保护分级与安全机制	4	无	授权与访问控制
	9	面向对象与对象关系数据库	面向对象数据模型、OODBMS与ODMG-93。对象关系数据库系统与SQL3	2	无	对象模型；对象关系数据库对关系模型、SQL的DDL和DML的扩充
	10	其他数据库新技术	面向应用领域的数据库新技术、与其他计算机技术相结合所产生的数据库新技术，网络环境下的数据库系统开发的有关技术	4	Internet环境下数据库应用的有关技术	网络环境下的应用系统的C/S结构和B/S三层结构、目前的主流开发方法、技术和工具环境
课程实验	编号	实验名称	主要内容			机时
	1	Access的使用	Access数据访问			2
	2	Oracle的安装和使用	1. Oracle的安装和简单使用、SQL/Plus的使用 2. SQL语言(重点是数据定义语句和数据操作语句) 3. DBA操作管理			4
教学方式	课堂讲授52课时＋实验6课时＋考核2课时					
教材	宁洪等．数据库系统原理．北京：北京邮电大学出版社，2005					

续表

参考材料	1. RamezElmasri Shamkant B. Navathe. 数据库系统基础．第五版．邵佩英等译．北京：人民邮电出版社，2008 2. Thomas Connolly, Carolyn Begg. 数据库系统——设计、实现与管理．第四版．宁洪等译．北京：电子工业出版社，2009 3. DBMS 的使用手册
考核方式	笔试 75%＋实验 15%＋作业 10%

4.1.14 操作系统

1. 课程简介

操作系统课程是网络工程专业基础课。本课程的主要内容包括操作系统的概念、功能、结构，以及一些基本的算法和处理过程；以多道程序设计技术为基础，介绍构成系统的各子系统的工作原理及设计方法。其主要内容包括操作系统绪论、操作系统运行机制、进程管理、同步与互斥、死锁、存储管理、设备管理、文件系统、并行与分布式系统等。通过本课程学习，学生可以掌握操作系统的基本概念和原理，使学生具备较好的操作系统应用，维护、管理和设计能力。

2. 课程信息

课程名称	操作系统			
	Operating Systems			
基本信息	开课时间	学分	总学时	课程性质
	第三学年(秋)	3	60	专业必修
先修课程	程序设计，数据结构，计算机原理			
后续课程	计算机网络，网络路由与交换			

续表

	编号	知识单元	主要知识点	课时	重点	难点
课程主要内容	1	绪论	操作系统的功能、地位、组成及特征;操作系统的形成、发展、分类;流行操作系统简介	4	操作系统功能、特征;各种概念、技术的引入	多道程序设计技术
	2	操作系统运行机制	中断和陷入机制;操作系统运行模型;操作系统引导与启动、操作系统调用接口实现方法;命令与视窗接口实现方法	4	中断相关概念及处理的一般过程,系统调用处理过程	命令解释程序的一般实现方法
	3	进程管理	进程的描述和组织、创建和结束处理、进程状态和转换;进程调度与切换;调度算法选择的准则、作业调度和进程调度算法;线程概念、进程与线程	6	操作系统进程表示,进程的创建与结束,进程状态变化	进程切换过程,进程调度时机及算法
	4	并发进程	进程的并发性、进程的同步与互斥;实现互斥的硬件机制、信号量机制、管程与条件变量;进程间通信概念及机制;死锁概念、死锁防止、死锁避免、死锁检测和解除	8	并发程序的基本实现方法;基于信号量机制的进程同步与互斥的编程	消息传递;死锁防止

续表

	编号	知识单元	主要知识点	课时	重点	难点
课程主要内容	5	存储管理	存储管理的功能、固定分区存储管理、可变分区存储管理、分页存储管理、分段存储管理;移动技术、对换技术、覆盖技术;虚拟存储器的概念、请求分页虚拟存储管理、请求分段虚拟存储管理、请求段页虚拟存储管理;页面淘汰策略	8	多道连续可变划分方法的实现原理;分页及请求分页虚存的实现原理	存储共享与保护的实施方法;固定工作集的页面替换算法。
	6	设备管理	设备分类及管理、I/O控制方式及控制接口、I/O软件层次及主要功能、字符设备与块设备接口、驱动程序组成及功能;缓冲技术、磁盘调度及其算法、RAID技术;独占设备虚拟化技术、存储设备虚拟化	8	I/O控制方式;I/O设备管理的I/O性能优化技术	驱动程序接口与功能
	7	文件系统	文件概念、文件存取方法;文件逻辑结构;文件物理结构;文件控制块FCB(索引节点)、文件目录与目录项;各种目录结构的组织、特性;目录检索与操作;文件类系统调用、mmap文件访问、文件共享、保护和保密;文件存储空间管理、文件系统层次结构;文件系统的安装与使用	8	文件的表示与存储管理;树型与无环图目录结构	主要的文件系统调用;文件的保护方法

续表

	编号	知识单元	主要知识点	课时	重点	难点
课程主要内容	8	并行与分布式系统、安全技术	对称多处理机系统、多线程环境中的进程与线程、线程应用、线程状态、用户级和核心级线程的实现技术、多处理器调度算法;分布式系统特性、分布式应用模型、分布式系统实现模型、分布式进程概念;安全操作系统概念	6	核心级线程实现方法	线程组调度算法

	编号	实验名称	主要内容	机时
课程实验	1	Shell 命令解释器设计与实现	设计并编写一个命令解释程序。至少实现简单命令解释执行,鼓励学生实现重定向、管道以及命令踪迹等复杂功能,鼓励学生能够提出新的实用功能	6

教学方式	课堂讲授 52 课时＋实验 6 课时＋考核 2 课时
教材	罗宇,邹鹏等．操作系统．北京：电子工业出版社,2007
参考材料	1. Andrew S. Tanenbaum. Modern Operating Systems. 3rd edition. Prentice hall,2007 2. William Stalling. Operating System Internals and Design Principles. Prentice hall,2004
考核方式	笔试 70%＋实验 20%＋作业 10%

4.1.15 软件工程

1. 课程简介

软件工程课程是网络工程专业基础课。本课程系统介绍软件系统的开发、维护和项目管理过程中的方法、技术和工具，其主要内容包括软件基本概念、需求分析、软件设计、面向对象软件工程概述、面向对象需求分析与软件设计、基于UML的需求分析和软件设计、软件体系结构和设计模式、软件实现、软件测试和验收、软件维护、软件项目管理等。通过理论与实践相结合，软件开发技术与项目管理方法并重，知识传授和案例分析相互融合，培养学生在需求分析、软件设计和构造、软件测试和验收、软件维护、项目管理等方面的能力，促进学生养成良好的团队合作精神以及软件工程实践素质，为学生将来参与软件系统的开发、维护和项目管理奠定基础。

2. 课程信息

<table>
<tr><td rowspan="2">课程名称</td><td colspan="6">软件工程</td></tr>
<tr><td colspan="6">Software Engineering</td></tr>
<tr><td rowspan="2">基本信息</td><td colspan="2">开课时间</td><td>学分</td><td>总学时</td><td colspan="2">课程性质</td></tr>
<tr><td colspan="2">第三学年(秋)</td><td>3</td><td>60</td><td colspan="2">专业基础课</td></tr>
<tr><td>先修课程</td><td colspan="6">计算机程序设计,数据结构</td></tr>
<tr><td>后续课程</td><td colspan="6">网络编程技术</td></tr>
<tr><td rowspan="2">课程主要内容</td><td>编号</td><td>知识单元</td><td>主要知识点</td><td>课时</td><td>重点</td><td>难点</td></tr>
<tr><td>1</td><td>软件和软件工程</td><td>软件概念和特点;软件工程;软件生命周期;软件开发过程模型;CASE 工具和环境</td><td>4</td><td>软件概念和特点;软件工程的概念和原则;软件生命周期各阶段的工作任务和产品之间的逻辑关系</td><td>软件过程模型和生命周期;快速原型模型、迭代模型和螺旋模型;CASE 工具和环境的价值</td></tr>
</table>

续表

	编号	知识单元	主要知识点	课时	重点	难点
课程主要内容	2	软件需求分析	需求获取与定义；需求分析与建模；需求规格说明及评审	6	需求重要性和困难；良好软件需求的特征；需求分析的任务；软件需求规格说明书	需求获取方法；需求建模的方式和手段
	3	软件设计	软件设计及过程；软件设计技术；人机界面设计；软件设计规格说明及评审	4	软件设计的概念、任务、原则、过程和产品；不同层次和视点设计的任务、方法和产品；软件设计规格说明的内容	好的人机界面设计需满足的要求；高质量软件设计规格说明书应满足的要求
	4	面向数据流的需求分析和软件设计	面向数据流的需求分析；面向数据流的软件设计	6	面向数据流需求分析的思想，语言和过程	变换分析方法和事物分析方法
	5	面向对象软件工程概述	面向对象软件工程的发展历史和现状；面向对象软件工程的基本思想、概念和原则	4	面向对象软件工程的基本概念和思想	面向对象软件工程的基本概念和思想
	6	面向对象的需求分析与软件设计	面向对象的需求分析；面向对象的软件设计	6	面向对象需求分析的思想，语言和过程	面向对象软件设计方法

续表

	编号	知识单元	主要知识点	课时	重点	难点
课程主要内容	7	基于UML的需求分析和软件设计	UML 语言；基于UML的需求分析和软件设计	6	UML 2.0的核心概念、结构建模和行为建模机制和语言设施	基于UML的需求分析和软件设计步骤
	8	软件体系结构和设计模式	软件体系结构设计的任务和目标；软件体系结构设计的原则、描述语言；软件体系结构风格；软件体系结和软件设计模式	2	体系结构设计原则；软件体系结构和软件设计模式	体系结构设计原则；软件体系结构和软件设计模式
	9	软件实现	软件实现及过程；编程标准与风格；程序调试	4	软件实现的任务、原则、过程、阶段性产品和要求；编程工具和调试工具的使用	好的编程风格；编程工具和调试工具的使用
	10	软件测试和验收	软件测试的基本概念；软件测试技术；软件测试的策略；软件验收	4	软件测试的任务、原则、过程及阶段性产品；不同的软件测试技术，利用这些技术来进行软件测试；软件验收的任务、原则和过程	软件测试策略

续表

	编号	知识单元	主要知识点	课时	重点	难点
课程主要内容	11	软件维护	软件维护的概念；软件维护的方法；逆向工程和重构工程	2	软件维护的概念和分类；软件维护的必要性和重要性；软件维护方法；逆向工程和重构工程的概念以及它们之间的区别	软件维护方法
	12	软件项目管理	软件项目管理的概念和思想；软件项目管理的规范和标准；管理对象、内容和活动	2	软件项目管理的对象、内容和活动	软件项目管理的对象、内容和活动

	编号	实验名称	主要内容	机时
课程实验	1	基于UML的软件设计	选择一个适当的应用，基于对象技术和UML对该应用进行设计	4
	2	撰写软件设计规格说明书	根据实验1的具体内容，遵循设计规格说明书的编写模板，撰写针对该应用的软件设计规格说明书	2
	3	评审软件设计规格说明书	对上述所产生的软件设计文档进行评审	2
教学方式	课堂讲授50课时＋实验8课时＋考核2课时			
教材	齐治昌，谭庆平，宁洪．软件工程．第二版．北京：高等教育出版社，2004			

续表

参考材料	1. R S. Pressman. 软件工程——实践者的研究方法．第六版．北京：机械工业出版社，2007 2. 金尊和．软件工程实践导论——有关方法、设计、实现、管理之三十六计．北京：清华大学出版社，2005 3. Ian Sommerville. 软件工程．第六版．北京：机械工业出版社，2003
考核方式	笔试70％＋实验20％＋作业10％

4.1.16　数据通信原理

1. 课程简介

数据通信课程是网络工程专业基础课。本课程的主要内容包括数据通信理论的基本概念、模拟信号的数字化、数字基带和频带传输、同步、差错控制、传输控制规程等原理和技术，以及现代通信系统的结构组成、功能、性能指标及其基本分析方法等内容。通过本课程的学习，学生可以理解现代数据通信的基本概念，了解现代通信系统的组成、功能与工作过程，掌握通信系统的基本原理及分析方法，从而具备必要的数据通信基础知识，为后续相关专业课程的学习和将来从事相关工作打下必要的通信理论基础。

2. 课程信息

课程名称	数据通信原理			
	Data Communication principle			
基本信息	开课时间	学分	总学时	课程性质
	第三学年(秋)	2	40	专业基础课
先修课程	信号与系统，模拟电子技术，数字电子技术			

续表

<table>
<tr><td>后续课程</td><td colspan="6">现代通信系统，计算机网络，接入网技术，无线通信与网络</td></tr>
<tr><td rowspan="9">核心知识单元</td><td>编号</td><td>知识单元</td><td>主要知识点</td><td>课时</td><td>重点</td><td>难点</td></tr>
<tr><td>1</td><td>数据通信概念及性能指标</td><td>数字及模拟通信、通信方式、信息量及其度量；码元速率、比特率、差错率、频率利用率、带宽利用率</td><td>2</td><td>各基本概念及对指标的理解</td><td>信息量及度量</td></tr>
<tr><td>2</td><td>通信系统分析基础</td><td>时域分析、频域分析、随机过程及统计描述方法、平稳随机过程及其特征分析</td><td>4</td><td>信号频域分析、平稳随机过程及特征</td><td>随机信号分析</td></tr>
<tr><td>3</td><td>传输介质</td><td>信道容量计算、噪声、铜缆及光纤等有线及无线传输介质的基本特性</td><td>4</td><td>香农定理及常用介质特性</td><td>信道容量计算</td></tr>
<tr><td>4</td><td>模拟信号的数字化传输</td><td>抽样定理、均匀及非均匀量化、脉冲编码调制原理及方法</td><td>4</td><td>抽样定理、非均匀量化及编码</td><td>编码及计算</td></tr>
<tr><td>5</td><td>数字信号的基带传输</td><td>常用数字信号码型特点及频谱分析、奈奎斯特第一准则、时域和频域均衡技术</td><td>4</td><td>奈奎斯特准则及频域均衡</td><td>与准则及均衡相关的计算</td></tr>
<tr><td>6</td><td>数字信号的频带传输</td><td>二进制及多进制数字调幅、调频及调相原理和频谱分析方法</td><td>6</td><td>调频及调相技术</td><td>调相技术</td></tr>
<tr><td>7</td><td>数据通信系统的同步</td><td>载波同步、位同步、群同步原理及方法</td><td>4</td><td>群同步</td><td>群同步</td></tr>
<tr><td>8</td><td>差错控制理论及编码</td><td>差错控制方法、检错码编码特点、线性分组码、CRC 码等编译码技术</td><td>4</td><td>线性分组码、CRC 码</td><td>CRC 编码</td></tr>
</table>

续表

<table>
<tr><td rowspan="2">课程主要内容</td><td>编号</td><td>知识单元</td><td>主要知识点</td><td>课时</td><td>重点</td><td>难点</td></tr>
<tr><td>9</td><td>数据通信系统传输规程</td><td>传输规程的作用、种类及特点、HDLC协议</td><td>2</td><td>HDLC规程</td><td>HDLC</td></tr>
<tr><td rowspan="3">课内实验</td><td>编号</td><td>实验名称</td><td colspan="3">主要内容</td><td>机时</td></tr>
<tr><td>1</td><td>PCM 及基带传输</td><td colspan="3">用 SystemView 仿真软件对 PCM 及基带传输系统进行验证性仿真实验</td><td>2</td></tr>
<tr><td>2</td><td>2DPSK、4PSK 调制解调</td><td colspan="3">用 SystemView 仿真软件对 2DPSK 和 4PSK 调制解调系统进行验证性及部分设计性实验</td><td>2</td></tr>
<tr><td>课时分配</td><td colspan="6">课堂讲授 34 课时＋实验 4 课时＋考核 2 课时</td></tr>
<tr><td>教学方式</td><td colspan="6">多媒体课堂教学＋上机实验＋辅导答疑</td></tr>
<tr><td>主要教材</td><td colspan="6">吴玲达．计算机通信与系统．长沙：国防科技大学出版社，2008</td></tr>
<tr><td>参考材料</td><td colspan="6">1. William Stallings. 数据通信原理、技术及应用(第五版影印版)．北京：清华大学出版社，2005
2. Behrouz A. Forouzan. 数据通信与网络．第四版．北京：机械工业出版社，2006
3. 沈其聪等．通信系统教程．北京：机械工业出版社，2008
4. 达新宇等．通信原理教程．北京：北京邮电大学出版社，2005</td></tr>
<tr><td>考核方式</td><td colspan="6">笔试 70％＋实验 15％＋作业 15％</td></tr>
</table>

4.1.17　无线通信与网络

1. 课程简介

无线通信与网络是网络工程专业选修课程。主要内容包括无线通信的信号编码与调制技术、天线和信号传播技术、扩频技术、卫星通信技术、蜂窝通信技术、固定无线接入技术、WiFi 和 IEEE 802.11 无线局域网技术、无线自组织网络、无线传感器网络等。通过本课程的学习，使学生理解无线通信技术的相关概念与基本原理，了解无线通信设备的结构和特点，掌握各种类型无线网络的组成及原理，学生可以具备基本的无线通信系统和无线网络系统的应用、管理和维护能力。

2. 课程信息

<table>
<tr><td rowspan="2">课程名称</td><td colspan="6">无线通信与网络</td></tr>
<tr><td colspan="6">Wireless Communication and Networks</td></tr>
<tr><td rowspan="2">基本信息</td><td colspan="3">开课时间</td><td>学分</td><td>总学时</td><td>课程性质</td></tr>
<tr><td colspan="3">第四学年(秋)</td><td>2</td><td>40</td><td>专业选修(网络工程方向)</td></tr>
<tr><td>先修课程</td><td colspan="6">信号分析与处理,数据通信原理,现代通信系统,计算机网络</td></tr>
<tr><td>后续课程</td><td colspan="6">无</td></tr>
<tr><td rowspan="4">课程主要内容</td><td>编号</td><td>知识单元</td><td>主要知识点</td><td>课时</td><td>重点</td><td>难点</td></tr>
<tr><td>1</td><td>传输基础</td><td>信号、模拟数据和数字数据的传输技术、信道容量、信号强度、传输媒体、多路复用</td><td>4</td><td>信道容量、信号强度、多路复用</td><td>信道容量的计算、信号强度的分贝表示</td></tr>
<tr><td>2</td><td>天线和传播</td><td>天线、传播方式、路径损耗、多径传播及衰落</td><td>2</td><td>天线增益、路径损耗</td><td>路径损耗</td></tr>
<tr><td>3</td><td>信号编码技术</td><td>信号编码准则、幅移键控、频移键控、相移键控、最小频移键控、正交调幅、调幅、角度调制、脉码调制、增量调制</td><td>6</td><td>幅移键控、频移键控、相移键控、调幅、调频、调相</td><td>频移键控、脉码调制、增量调制</td></tr>
</table>

续表

	编号	知识单元	主要知识点	课时	重点	难点
课程主要内容	4	扩频	扩频、跳频扩频、直接序列扩频、码分多址、伪随机序列特性及产生方法	2	跳频扩频、直接序列扩频、码分多址	伪随机序列特性及产生方法
	5	蜂窝式无线网络	蜂窝式网络原理与组织，小区划分及容量计算，1G、2G 及 3G 系统，CDMA 主要思想和特点，越区切换，功率控制	4	容量计算、越区切换、功率控制	容量计算
	6	无绳系统和无线本地环	DECT、LMDS、MMDS、WiMAX 标准、ADPCM 和 OFDM 调制	2	ADPCM、WiMAX	ADPCM
	7	无线局域网	红外局域网、窄带微波局域网、扩频局域网、IEEE 802.11 体系结构、帧格式、分布协调功能、帧间隔、点协调功能等	6	分布协调功能、点协调功能等	CSMA-CA、分布协调功能
	8	无线自组织网络	Ad hoc 网络特征、体系结构、DSDV、DSR、AODV 路由协议	4	DSDV、DSR、AODV 路由协议	DSDV、DSR、AODV 路由协议
	9	无线传感器网络	无线传感器网络体系结构与特征、S-MAC 协议、D-MAC 协议、定向扩散路由、地理位置路由、拓扑控制算法	4	S-MAC 协议、定向扩散路由、地理位置路由	GPSR 路由协议

续表

<table>
<tr><th></th><th>编号</th><th>实验名称</th><th>主要内容</th><th>机时</th></tr>
<tr><td rowspan="2">课程实验</td><td>1</td><td>GSM/GPRS 通信实验</td><td>通过编程实现软件对 GSM/GPRS 模块的控制，理解 AT 指令与 SMS 短信的编码格式，掌握拨打与接听电话、发送与接收 SMS 短消息等操作</td><td>2</td></tr>
<tr><td>2</td><td>无线局域网接入实验</td><td>实现基础设施与非基础设施的无线局域网络互连，在基础设施网络中，构建 BSS 方式与 ESS 方式的无线局域网，巩固对 IEEE 802.11 无线局域网的理解</td><td>2</td></tr>
<tr><td>教学方式</td><td colspan="4">课堂讲授 34 课时＋实验 4 课时＋考核 2 课时</td></tr>
<tr><td>教材</td><td colspan="4">William Stallings．无线通信与网络．第二版．何军等译．北京：清华大学出版社，2005</td></tr>
<tr><td>参考材料</td><td colspan="4">1. 徐明等．移动计算技术．北京：清华大学出版社，2008
2. 孙利民等．无线传感器网络．北京：清华大学出版社，2005
3. 帕勒万等．无线网络通信原理与应用．刘剑译．北京：清华大学出版社，2002</td></tr>
<tr><td>考核方式</td><td colspan="4">笔试 70％＋实验 15％＋作业 15％</td></tr>
</table>

4.1.18　现代通信系统

1. 课程简介

现代通信系统是网络工程专业的一门通信技术基础课。课程主要内容包括现代通信的基本概念、组成结构、工作原理、关键技术等，涵盖的通信系统有电话通信系统、微波通信系统、短波通信系统、卫星通信系统、光纤通信系统、移动通信系统等。通过本课程的学习，学生可以了解通信系统的组成及有关系统性能估计方面的知识，理解各种通信系统的基本原理，掌握各种通信系统的特点及应用领域，为今后从事相关领域的工作打下良好基础。

2. 课程信息

<table>
<tr><td rowspan="2">课程名称</td><td colspan="6">现代通信系统</td></tr>
<tr><td colspan="6">Modern Communication Systems</td></tr>
<tr><td rowspan="2">基本信息</td><td colspan="2">开课时间</td><td>学分</td><td>总学时</td><td colspan="2">课程性质</td></tr>
<tr><td colspan="2">第二学年(春)</td><td>2</td><td>40</td><td colspan="2">专业基础课</td></tr>
<tr><td>先修课程</td><td colspan="6">信号分析与处理,数据通信原理,计算机网络</td></tr>
<tr><td>后续课程</td><td colspan="6">网络工程</td></tr>
<tr><td rowspan="5">课程主要内容</td><td>编号</td><td>知识单元</td><td>主要知识点</td><td>课时</td><td>重点</td><td>难点</td></tr>
<tr><td>1</td><td>概述</td><td>通信定义、通信系统的基本组成、通信系统主要性能指标、典型通信系统简介</td><td>2</td><td>通信定义、通信系统的基本组成</td><td>通信系统主要性能指标</td></tr>
<tr><td>2</td><td>电话通信系统</td><td>电话通信系统基本结构与特点、信源编码与数字传输技术、电话交换网络、程控交换机组成结构、PCM复用与数字复接</td><td>6</td><td>信源编码与数字传输技术、PCM复用、数字复接</td><td>信源编码、数字基带传输、数字基频传输</td></tr>
<tr><td>3</td><td>微波通信系统</td><td>微波通信频段及特点、微波通信系统组成、微波传输信道、波道及射频频率配置、数字微波处理技术</td><td>4</td><td>微波通信频段及特点、微波传输信道</td><td>大气及地面效应、衰落特性、分集技术</td></tr>
<tr><td>4</td><td>短波通信系统</td><td>电离层传播特性、短波信道特性、短波通信线路、短波自适应技术、短波扩频技术、天地短波和超短波</td><td>4</td><td>短波信道特性、短波自适应技术、短波扩频技术</td><td>短波自适应技术、短波扩频技术</td></tr>
</table>

续表

	编号	知识单元	主要知识点	课时	重点	难点
课程主要内容	5	卫星通信系统	卫星通信系统特点、组成、工作过程、链路传输工程、多址技术、星载和地球站设备、VAST系统、卫星移动通信系统、卫星通信系统中的互联网业务	4	卫星通信系统特点、信道分配、多址接入	卫星通信系统设计
	6	光纤通信系统	光纤通信的特点、光纤、光缆的结构和类型、光纤的导光原理以及光缆的结构和种类、光纤传输原理、光纤的损耗特性和光纤的色散特性、光发送机和光接收机的基本组成、工作特点和工作原理、光纤通信系统的设计方法	6	光纤、光缆特点及传输原理、光发送机和光接收机的基本组成、工作特点和工作原理	光纤通信系统设计方法
	7	移动通信系统	移动通信的特点和发展现状、移动通信系统的电波传播、蜂窝移动通信系统的组成和组网技术、GSM移动通信系统、CDMA移动通信系统组成及工作原理、第三代移动通信系统、第四代移动通信系统	8	蜂窝通信原理、容量计算、越区切换、功率控制、GSM、CDMA移动通信系统组成	容量计算、码分多址、CDMA信道划分

续表

<table>
<tr><td rowspan="3">课程实验</td><td>编号</td><td>实验名称</td><td>主要内容</td><td>机时</td></tr>
<tr><td>1</td><td>脉码调制MATLAB仿真</td><td>对电话通信系统典型的信源编码方式-脉码调制(PCM)进行仿真,对比均匀量化PCM和A律对数压缩PCM的性能,分析影响PCM性能的因素</td><td>2</td></tr>
<tr><td>2</td><td>直接序列扩频MATLAB仿真</td><td>对第三代移动通信系统广泛采用的直接序列扩频(DSSS)技术进行仿真,通过蒙特-卡罗方法仿真DSSS在干扰条件下的误码率性能,以验证DSSS在抑制正弦干扰方面的有效性</td><td>2</td></tr>
<tr><td>教学方式</td><td colspan="4">课堂讲授34课时+实验4课时+考核2课时</td></tr>
<tr><td>教材</td><td colspan="4">李白萍,王志明. 现代通信系统. 北京大学出版社,2007</td></tr>
<tr><td>参考材料</td><td colspan="4">1. 吴诗其,朱立东. 通信系统概论. 北京:清华大学出版社,2005
2. John G. Proakis. 现代通信系统. 北京:电子工业出版社,2005
3. 纪越峰. 现代通信技术. 第二版. 北京:北京邮电大学出版社,2004
4. 鲜继清. 现代通信系统. 西安:西安电子科技大学出版社,2006</td></tr>
<tr><td>考核方式</td><td colspan="4">笔试70%+实验报告20%+作业10%</td></tr>
</table>

4.2 专业课

4.2.1 计算机网络

1. 课程简介

计算机网络是网络工程专业的一门专业必修课。课程主要内容包括计算机网络与互联网组成、网络体系结构、网络性能指标、奈奎斯特定理与香农定理、编码与调制、可靠传输协议、以太网和高速以太网、无线局域网、网络互联及互联协议、网络路由、传输层协议、网络应用、网络管理以及网络安全等。通过本课程的学习,学生可以熟悉并掌握计算机网络的基本概念和工作原理，熟悉计算机网络和互联网组成，理解并掌握网络体系结构、网络性能指标、各种物理网络、TCP/IP 协议以及网络应用、网络管理和网络安全等内容。

2. 课程信息

<table>
<tr><td rowspan="2">课程名称</td><td colspan="6">计算机网络</td></tr>
<tr><td colspan="6">Computer Networks</td></tr>
<tr><td rowspan="2">基本信息</td><td colspan="3">开课时间</td><td>学分</td><td>总学时</td><td>课程性质</td></tr>
<tr><td colspan="3">第三学年(秋)</td><td>3</td><td>60</td><td>专业必修</td></tr>
<tr><td>先修课程</td><td colspan="6">程序设计,操作系统,数据结构</td></tr>
<tr><td>后续课程</td><td colspan="6">网络工程,网络安全,Internet 协议分析</td></tr>
<tr><td rowspan="4">课程主要内容</td><td>编号</td><td>知识单元</td><td>主要知识点</td><td>课时</td><td>重点</td><td>难点</td></tr>
<tr><td>1</td><td>概述</td><td>计算机网络组成,互联网组成,网络体系结构,网络性能指标,计算机网络发展简史</td><td>4</td><td>网络体系结构,网络性能指标</td><td>互联网组成,网络体系结构</td></tr>
<tr><td>2</td><td>物理层</td><td>信号与信道,带宽,奈奎斯特定理与香农定理,编码与调制,传输介质,物理层互联设备</td><td>6</td><td>奈奎斯特定理与香农定理,编码与调制</td><td>奈奎斯特定理与香农定理</td></tr>
<tr><td>3</td><td>数据链路层</td><td>数据链路层功能和服务,可靠传输协议,以太网,高速以太网,无线局域网以及局域网交换机</td><td>8</td><td>可靠传输协议,以太网和高速以太网</td><td>可靠传输协议,无线局域网</td></tr>
</table>

续表

	编号	知识单元	主要知识点	课时	重点	难点
课程主要内容	4	网络层	网络层功能和服务，网络服务模型，网络组网方式，IP 协议，ARP 协议，ICMP 协议，V-D 和 L-S 路由算法，RIP、OSPF 和 BGP 路由协议，IP 多播，移动 IP，IPv6 协议，路由器	10	IP 协议，V-D 和 L-S 路由算法，IPv6，路由器	V-D 和 L-S 路由算法，RIP、OSPF 和 BGP 路由协议
	5	传输层	传输层功能和服务，UDP 协议，TCP 协议（TCP 差错控制、流量控制、拥塞控制）	10	TCP 差错控制，流量控制，拥塞控制	TCP 拥塞控制
	6	应用层	应用层功能和服务，socket 应用编程接口，DNS，Web 应用和 HTTP 协议，文件传输 FTP，电子邮件 E-mail，网络管理	8	DNS，Web 应用和 HTTP 协议	DNS，网络管理
	7	网络安全	加密机制，完整性和源鉴别，访问控制，攻击检测与防范，网络安全应用	6	完整性和源鉴别，网络安全应用	完整性和源鉴别，攻击检测与防范
	编号	实验名称	主要内容			机时
课程实验	1	TCP/IP 协议分析与验证	熟悉 TCP/IP 协议报文捕获和分析工具，分析并验证 TCP/IP 协议族中各个协议的报文格式以及协议之间的交互过程			2
	2	socket 编程	熟悉 UNIX 环境下或 Windows 环境下 UDP 和 TCP socket 编程，熟悉基于 TCP/IP 协议的网络应用开发			4

续表

教学方式	课堂讲授52课时+实验6课时+考核2课时
教材	蔡开裕,朱培栋,徐明．计算机网络．北京：机械工业出版社,2008
参考材料	1. James F. Kurose & Keith W. Ross. 计算机网络——自顶向下方法．第4版．北京：机械工业出版社,2008 2. S. Davie. 计算机网络——系统方法．第4版．Larry L. Peterson & Bruce. 北京：机械工业出版社,2007
考核方式	笔试70%+实验20%+作业10%

4.2.2 网络路由与交换技术

1. 课程简介

本课程是网络工程专业必修课程，主要介绍网络设备、网络协议和网络系统的工作原理、体系结构与实现技术等内容。通过本课程的学习，学生可以深入理解网络交换机、路由器的核心功能、工作原理、组成与体系结构，初步掌握网络设备的结构设计与实现、网络协议与算法的设计与实现等关键技术，为将来从事网络新技术的研究、网络新产品的设计与开发等相关工作奠定必要的理论和实践基础。

2. 课程信息

课程名称	网络路由与交换技术			
	Network routing and switching			
基本信息	开课时间	学分	总学时	课程性质
	第三学年(秋)	2	40	专业必修
先修课程	Internet 技术,计算机网络,计算机原理,计算机体系结构			

续表

后续课程	网络工程，网络工程课程设计					
课程主要内容	编号	知识单元	主要知识点	课时	重点	难点
	1	路由器体系结构	路由器组成与体系结构，路由器硬件系统的设计与实现	6	路由器组成与体系结构，路由器硬件系统的设计与实现	路由器硬件系统的设计与实现
	2	路由算法	V-D、L-S路由算法工作原理	2	V-D、L-S路由算法原理	
	3	路由协议	RIP、OSPF协议的设计与实现技术	4	RIP、OSPF协议的设计与实现	RIP、OSPF协议的设计与实现
	4	虚拟路由冗余	虚拟路由冗余协议（VRRP）的功能、工作原理与实现技术	2	虚拟路由冗余协议实现技术	虚拟路由冗余协议实现技术
	5	交换机体系结构	二层、三层交换机的组成与体系结构、交换机硬件系统的设计与实现技术	6	三层交换机体系结构、交换机硬件系统的设计与实现技术	交换机硬件系统的设计与实现技术
	6	虚拟局域网协议	虚拟局域网协议（VLAN）的功能、工作原理与实现技术	6	虚拟局域网协议实现技术	虚拟局域网协议实现技术
	7	生成树协议	生成树算法、单生成树协议（STP）、快速生成树协议（RSTP）和多生成树协议（MSTP）的功能、工作原理与实现技术	4	生成树算法	生成树协议实现技术

续表

<table>
<tr><td rowspan="3">课程主要内容</td><td>编号</td><td>知识单元</td><td>主要知识点</td><td>课时</td><td>重点</td><td>难点</td></tr>
<tr><td>8</td><td>链路聚合与负载均衡</td><td>链路聚合控制协议(LACP)与负载均衡算法的功能、工作原理与实现技术</td><td>2</td><td>链路聚合控制协议与负载均衡算法</td><td>链路聚合控制协议与负载均衡算法实现技术</td></tr>
<tr><td>9</td><td>无线网络体系结构</td><td>无线网络接入设备、路由设备的组成与体系结构，无线路由协议工作原理与实现技术</td><td>4</td><td>无线网络设备体系结构</td><td>无线路由协议实现技术</td></tr>
<tr><td rowspan="3">课内实验</td><td>编号</td><td>实验名称</td><td colspan="3">主要内容</td><td>机时</td></tr>
<tr><td>1</td><td>VLAN协议分析实验</td><td colspan="3">交换机 VLAN 协议分析，交换机 VLAN 协议分析</td><td>2</td></tr>
<tr><td>2</td><td>路由协议模拟实验</td><td colspan="3">路由器 RIP 路由协议和 OSPF 路由协议模拟、路由器 RIP 路由协议和 OSPF 路由协议模拟</td><td>2</td></tr>
<tr><td>教学方式</td><td colspan="6">课堂讲授 34 课时＋实验 4 课时＋考核 2 课时</td></tr>
<tr><td>教材</td><td colspan="6">网络路由与交换．课程讲义．计划由清华大学出版社出版</td></tr>
<tr><td>参考材料</td><td colspan="6">斯桃枝．网络路由与交换．北京：北京大学出版社，2008</td></tr>
<tr><td>考核方式</td><td colspan="6">笔试 70％＋实验 20％＋作业 10％</td></tr>
</table>

4.2.3　网络工程

1. 课程简介

本课程作为网络工程专业必修课程，主要介绍网络工程的基本概念和过程模型、组网工程需求分析、网络整体规划与建设方案的设计论证、网络系统组成构件的功能、用途、安装与配置方法、网络系统测试与验收的方法与过程、网络管理与维护技术等内容。

通过本课程的学习，学生可以理解网络工程设计、建设、管理与维护等主要环节的原理、过程和方法，初步掌握并具备小、中、大型局域网的规划、设计、施工、使用、管理与维护等基本技术和技能，为将来从事网络工程与信息系统建设相关工作奠定必要的理论和实践基础。

2. 课程信息

<table>
<tr><td rowspan="2">课程名称</td><td colspan="6">网络工程</td></tr>
<tr><td colspan="6">Network Engineering</td></tr>
<tr><td rowspan="2">基本信息</td><td colspan="2">开课时间</td><td>学分</td><td>总学时</td><td colspan="2">课程性质</td></tr>
<tr><td colspan="2">第三学年(春)</td><td>2</td><td>60</td><td colspan="2">专业必修</td></tr>
<tr><td>先修课程</td><td colspan="6">Internet 技术,计算机网络,操作系统</td></tr>
<tr><td>后续课程</td><td colspan="6">网络工程课程设计</td></tr>
<tr><td rowspan="3">课程主要内容</td><td>编号</td><td>知识单元</td><td>主要知识点</td><td>课时</td><td>重点</td><td>难点</td></tr>
<tr><td>1</td><td>网络工程过程模型</td><td>网络工程的基本概念、网络工程的过程模型</td><td>2</td><td>网络工程的过程模型</td><td></td></tr>
<tr><td>2</td><td>网络系统需求分析</td><td>功能需求、性能指标需求、管理与维护需求、安全需求、需求约束</td><td>6</td><td>功能需求、性能技术指标需求分析</td><td>性能技术指标需求分析</td></tr>
</table>

续表

	编号	知识单元	主要知识点	课时	重点	难点
课程主要内容	3	网络规划、方案设计与论证	网络结构设计、子网与IP地址规划、网络路由设计、网络应用方案设计、网络管理方案设计、网络可靠性方案设计、网络安全方案设计、结构化布线方案设计、机房环境与供电系统设计等；设备选型与配置方案设计；工程费用预算方案设计；工程实施方案设计	10	网络结构设计、子网与IP地址规划、网络可靠性方案设计、网络安全方案设计	子网与IP地址规划、网络安全方案设计
	4	选型与采购	网络设备与系统选型依据与方法	2	网络设备选型	
	5	网络集成和系统部署	交换机的基本参数配置、VLAN的划分与配置、生成树协议的配置、聚合链路的配置、VRRP协议的配置；路由器的基本参数配置、静态路由协议、RIP路由协议和OSPF路由协议的配置；防火墙系统的基本参数配置、安全策略的制定、包过滤、地址转换、端口映射等安全规则的配置；Internet基本服务的安装与配置；机房环境与综合布线系统的设计与施工	16	交换机VLAN的划分与配置、生成树协议的配置、聚合链路的配置、VRRP协议的配置；路由器RIP路由协议和OSPF路由协议的配置；防火墙安全规则配置	交换机生成树协议的配置与VRRP协议的配置；防火墙安全规则的配置

续表

<table>
<tr><td rowspan="4">课程主要内容</td><td>编号</td><td>知识单元</td><td>主要知识点</td><td>课时</td><td>重点</td><td>难点</td></tr>
<tr><td>6</td><td>项目管理</td><td>项目招投标过程，项目人员管理、进度管理、成本管理和质量管理过程与方法</td><td>4</td><td>项目招投标过程</td><td></td></tr>
<tr><td>7</td><td>测试和质量保证</td><td>网络系统功能与性能测试方法；网络性能评估的方法；设备到货验收、测试验收、鉴定验收的过程</td><td>6</td><td>功能与性能测试</td><td>功能与性能测试</td></tr>
<tr><td>8</td><td>网络管理与维护</td><td>网络管理协议与管理模型、网络管理功能域；网络设备常见故障的维护与排除</td><td>6</td><td>网络管理协议与管理模型</td><td>网络设备常见故障的维护与排除</td></tr>
<tr><td rowspan="4">课程实验</td><td>编号</td><td>实验名称</td><td colspan="3">主要内容</td><td>机时</td></tr>
<tr><td>1</td><td>交换机安装与配置实验</td><td colspan="3">交换机的基本参数配置、VLAN 的划分与配置、生成树协议的配置</td><td>2</td></tr>
<tr><td>2</td><td>路由器安装与配置实验</td><td colspan="3">路由器的基本参数配置、静态路由协议、RIP 路由协议和 OSPF 路由协议的配置</td><td>2</td></tr>
<tr><td>3</td><td>防火墙安装与配置实验</td><td colspan="3">防火墙的基本参数配置、安全策略的制定、包过滤、地址转换、端口映射等安全规则的配置</td><td>2</td></tr>
<tr><td>教学方式</td><td colspan="6">课堂讲授 52 课时＋实验 6 课时＋考核 2 课时</td></tr>
<tr><td>教材</td><td colspan="6">曹介南等．网络工程与技术．北京：清华大学出版社，2011</td></tr>
<tr><td>参考材料</td><td colspan="6">1. 陈鸣等．网络工程设计教程．北京：机械工程出版社，2008
2. 张卫，王能等．计算机网络工程．北京：清华大学出版社，2004</td></tr>
<tr><td>考核方式</td><td colspan="6">笔试 70%＋实验 20%＋作业 10%</td></tr>
</table>

4.2.4 接入网技术

1. 课程简介

接入网技术课程是网络工程专业的一门专业选修课。课程主要内容包括接入网体系及标准、以太接入技术、光纤接入技术、电话铜线接入技术、HFC接入技术、无线接入技术、用户接入管理体系等。通过本课程的学习，学生可以熟悉并掌握接入网络的基本概念、工作原理、目前主流的网络接入和管理方法、标准及典型应用等，并使学生初步具备运用所学知识从事接入网的组网、管理和维护等工作的能力。

2. 课程信息

<table>
<tr><td rowspan="2">课程名称</td><td colspan="6">接入网技术</td></tr>
<tr><td colspan="6">Access Network Technology</td></tr>
<tr><td rowspan="2">基本信息</td><td colspan="2">开课时间</td><td>学分</td><td colspan="2">总学时</td><td>课程性质</td></tr>
<tr><td colspan="2">第四学年(秋)</td><td>2</td><td colspan="2">40</td><td>专业选修课</td></tr>
<tr><td>先修课程</td><td colspan="6">数据通信,计算机网络</td></tr>
<tr><td>后续课程</td><td colspan="6">无线通信与网络</td></tr>
<tr><td rowspan="3">课程主要内容</td><td>编号</td><td>知识单元</td><td>主要知识点</td><td>课时</td><td>重点</td><td>难点</td></tr>
<tr><td>1</td><td>概述</td><td>接入网演进与发展,接入网特点及功能,接入网的两个标准 G.902 和 Y.1231 简介</td><td>4</td><td>接入网的两个标准</td><td>IP 接入网标准 Y.1231</td></tr>
<tr><td>2</td><td>以太接入网技术</td><td>以太接入网的演变,工作组以太网特点及存在的问题,以太网接入模式,802.3ah 标准</td><td>4</td><td>工作组以太网特点及存在的问题、802.3ah 标准</td><td>802.3ah 标准</td></tr>
</table>

续表

	编号	知识单元	主要知识点	课时	重点	难点
课程主要内容	3	光纤接入技术	光纤接入网的基本结构、特点及传输技术，APON、EPON、GPON、AON 网络的关键技术	6	光接入网结构、特点，EPON 和 GPON 关键技术	EPON、GPON 的 MAC 层协议
	4	电话铜线接入技术	电话铜线上的技术演进，窄带拨号、ISDN、HDSL、ADSL、ADSL2 及 VDSL 等接入技术及标准	6	ADSL、ADSL2、VDSL 协议及关键技术	ADSL 标准的调制解调技术、帧格式
	5	HFC 接入技术	CATV、HFC 网络结构及特点，电缆调制解调器工作原理，HFC 网络物理层及 MAC 层标准及关键技术	4	电缆调制解调器工作原理、HFC 网络物理层及 MAC 层标准及关键技术	HFC 网络物理层及 MAC 层关键技术
	6	无线接入技术	无线传输特点、IEEE 802.11、IEEE 802.16、LMDS、GPRS、CDMA2000 等无线网络技术和标准	6	IEEE 802.11、GPRS、3G 网络关键技术和标准	CDMA2000、IEEE 802.11、标准和关键技术
	7	用户接入管理体系	用户接入管理体系结构、接入链路协议、接入认证/控制协议、接入管理协议	6	802.1x、Radius 等接入控制和管理协议	Radius 协议
	编号	实验名称	主要内容			机时
课程实验	1	xDSL 网络的组网、配置与认证	熟悉 xDSL 网络的工作原理，学会 xDSL 远端和局端设备及接入服务器、AAA 认证服务器的安装和配置方法，掌握具有验证协议的网络接入安全协议的功能			2

续表

教学方式	课堂讲授 36 课时＋实验 2 课时＋考核 2 课时
教材	雷维礼等．接入网技术．北京：清华大学出版社，2006
参考材料	1. 张中荃等．接入网技术．第二版．北京：人民邮电出版社，2009 2. 李雪松等．接入网技术与设计与应用．北京：北京邮电大学出版社，2009
考核方式	笔试 70％＋实验 15％＋作业 15％

4.2.5 Internet 协议分析

1. 课程简介

Internet 协议分析是网络工程专业的一门专业必修课。本课程的主要内容包括 Internet 的体系结构与标准化、网络接口层与底层网络技术、网络互联层与 IP 协议、传输层与 TCP 和 UDP 协议、Internet 路由协议、移动 IP、无线 IP、IP 组播、IPv6 Internet 应用等。通过本课程的学习，学生可以详细了解和掌握 Internet 网络的基本概念、工作原理、相关协议、实现技术以及网络应用，重点掌握 TCP/IP 协议和 Internet 网络的设计原理和技术，具备从事 Internet 网络及其协议的设计、开发、应用和管理能力。

2. 课程信息

课程名称	Internet 协议分析			
	Internet Protocol Analysis			
基本信息	开课时间	学分	总学时	课程性质
	第三学年(秋)	2	40	专业必修
先修课程	程序设计，数据结构，计算机网络			
后续课程	网络工程			

续表

	编号	知识单元	主要知识点	课时	重点	难点
课程主要内容	1	概述	Internet 的历史与发展，Internet 网络结构，Internet 体系结构、协议分层以及 TCP/IP 参考模型，Internet 标准化	2	Internet 体系结构，TCP/IP 参考模型	Internet 体系结构，TCP/IP 参考模型
	2	网络接口层与底层网络技术	网络接口层的概念和功能，广播式网络与点对点网络，以太网与 IEEE 802.3，FDDI 与 IP over FDDI，PPP	2	广播式网络与点对点网络的特点与差异，以太网与 IEEE 802.3 的差异与共存，PPP 链路控制与组帧	以太网与 IEEE 802.3 的差异与共存，底层网络对上层协议报文的封装机制
	3	网络互联层与 IP 协议	网络互联层的功能，IP 地址，IP 子网，IP 地址解析，IP 数据报格式，IP 数据报转发，ARP/RARP 协议，ICMP 协议，NAT 和 CIDR，BOOTP 协议与 DHCP 协议	6	变长子网划分，IP 协议，IP 路由，免费 ARP，DHCP 协议的操作、消息类型与地址分配机制	变长子网划分，IP 数据报转发，DHCP
	4	传输层与 TCP、UDP 协议	传输层的功能，无连接服务与面向连接服务，端口与套接字，UDP 协议，TCP 协议，连接管理、窗口机制、可靠传输机制和拥塞控制算法	2	端口与套接字，UDP 报文、TCP 报文与伪头部，TCP 的连接管理、可靠性机制以及拥塞控制算法	TCP 的连接管理、可靠性机制以及拥塞控制算法

续表

	编号	知识单元	主要知识点	课时	重点	难点
课程主要内容	5	Internet 路由协议	自治系统,静态路由与动态路由,路由与转发,距离向量路由算法,链路状态路由算法,路径向量路由算法,混合路由算法,路由器及其结构,路由表,最长前缀匹配,路由聚合,路由表查找算法与 Trie 树,路由数据库与路由更新,域内路由与域间路由,RIP 协议,OSPF 协议,BGP 协议	6	治系统的概念与层次路由,典型路由算法及其差异,路由表及其查找算法,RIP 协议、OSPF 协议、BGP 协议的基本原理、相关概念和关键技术	路由表及其查找算法,OSPF 协议,BGP 协议
	6	移动 IP	移动 IP 的概念和基本原理,移动代理通告和移动检测,地址获取,地址注册以及移动 IP 通信过程,隧道技术,移动 IP 中有关 ARP 和安全性方面的考虑	2	移动 IP 的概念和基本原理,移动检测,移动 IP 的通信过程,隧道技术	移动检测,隧道技术
	7	无线 IP	无线 IP 的概念和特点,PCF 和 DCF,DCF 中的隐藏终端和暴露终端问题,WiFi 与 IEEE 802.11 系列标准,WiMAX 与 IEEE 802.16 系列标准	2	无线 IP 的特点,DCF 及其主要问题,IEEE 802.11,WiFi 与 WiMAX 的比较	DCF 中的隐藏终端和暴露终端问题

续表

	编号	知识单元	主要知识点	课时	重点	难点
课程主要内容	8	IP 组播	组播的基本概念，组成员管理协议 IGMP 及其不同版本之间的差异，组播转发的概念和组播转发树，组播路由协议 PIM-DM 和 PIM-SM	2	IGMP 协议，组播转发树，PIM 协议及其工作模式	组播转发树，PIM 协议
	9	IPv6	IPv4 的局限与 IPv6 的必要性，IPv6 地址、报文格式和寻址方式，ICMPv6，IPv6 和 IPv4 的兼容性	2	IPv6 地址格式与寻址方式，IPv6 报文格式，ICMPv6 与地址自动配置	IPv6 地址格式与寻址方式
	10	Internet 应用	网络应用模式，域名系统 DNS，文件传输协议 FTP 与 TFTP，Internet 电子邮件系统结构以及 SMTP、MIME、POP3 和 IMAP4 协议，WWW 与 HTTP 协议	4	DNS，电子邮件协议，HTTP 协议	DNS 域名结构，MIME，HTTP 协议

	编号	实验名称	主要内容	机时
课程实验	1	IPv4 报文转发	设计合理的路由表结构、路由表查找算法、IP 报文头解析处理算法、IP 报文自动生成算法，编写软件来模拟主机和路由器进行 IP 报文转发处理	2
	2	高级套接字编程	基于 WinSock 和 TCP 协议，采用 C/C++编程环境，设计和实现一个面向连接的可靠应用软件。要求给出应用软件的场景，设计一个应用层协议，服务器端采用并发服务器方式并支持最大并发用户数限制，实现多用户通信	2

续表

	编号	实验名称	主要内容	机时
课程实验	3	MTU大小与网络性能分析	修改MTU值，从本主机发送一个大的文件到目的主机，记录各次文件传输所需时间，分析各次传输时延之间的差异并说明其中的原因，找到性能最佳时的MTU值	2
	4	应用层协议分析	在命令行方式下，登录某个电子邮件服务器，通过编辑和发送一系列SMTP命令以发送一个电子邮件到自己的邮箱，随后通过编辑和发送POP3命令从邮箱中读取该邮件；登录某个FTP服务器，采用Proxy方式在两个FTP服务器之间上传和下载文档。在操作过程中，使用抓包工具捕获相关数据包	2
教学方式	课堂讲授30课时＋实验8课时＋考核2课时			
教材	Douglas E. Comer. TCP/IP网络互连——卷Ⅰ：原理、协议和体系结构（第5版英文影印版）. 北京：人民邮电出版社，2006			
参考材料	1. Adolfo Rodriguez等. TCP/IP Tutorials and Technical Overview. 第8版. IBM Redbooks，2006 2. W. Richard Stevens. TCP/IP详解. 范建华译. 北京：电子工业出版社，2003 3. Jeff Doyle. TCP/IP路由技术. 范建华译. 北京：机械工业出版社，2000 4. William Stalling. 数据通信与计算机网络. 王海等译. 北京：电子工业出版社，2004			
考核方式	笔试70%＋实验20%＋作业10%			

4.2.6 网络编程技术

1. 课程简介

《网络编程技术》是网络工程专业的专业基础课，旨在向学生介绍网络编程的各种技术，包括网络应用的发展及相关编程技术的发展过程，详细介绍 socket 编程技术、Web 应用开发技术及相关编程语言、分布式应用开发技术等。通过该课程的学习，学生可以掌握有关网络程序设计基本方法、网络应用基本框架、网络程序设计主要过程等内容，并具备设计和编写大型网络程序的能力，培养同学们的创新精神和自学能力，提高同学们的动手能力。

2. 课程信息

<table>
<tr><td rowspan="2">课程名称</td><td colspan="6">网络编程技术</td></tr>
<tr><td colspan="6">Network Programing Technique</td></tr>
<tr><td rowspan="2">基本信息</td><td colspan="2">开课时间</td><td>学分</td><td colspan="2">总学时</td><td>课程性质</td></tr>
<tr><td colspan="2">第三学年(春)</td><td>2</td><td colspan="2">40</td><td>专业选修</td></tr>
<tr><td>先修课程</td><td colspan="6">程序设计,面向对象程序设计,计算机网络</td></tr>
<tr><td>后续课程</td><td colspan="6">网络编程综合课程设计</td></tr>
<tr><td rowspan="3">课程主要内容</td><td>编号</td><td>知识单元</td><td>主要知识点</td><td>课时</td><td>重点</td><td>难点</td></tr>
<tr><td>1</td><td>网络编程技术导论</td><td>网络的发展历程、互联网及网络应用的发展及现状、目前主流网络开发技术</td><td>2</td><td>目前主流网络开发技术</td><td></td></tr>
<tr><td>2</td><td>socket 编程</td><td>TCP/IP 协议、TCP 和 UDP 通信;socket 的历史和现状;socket 地址结构、名址转换、socket 的 TCP 和 UDP 通信过程、socket 高级编程;socket 应用开发实例</td><td>6</td><td>socket 地址结构、TCP 和 UDP 通信过程</td><td>socket 地址结构、TCP 和 UDP 通信过程、socket 高级编程</td></tr>
</table>

续表

	编号	知识单元	主要知识点	课时	重点	难点
课程主要内容	3	Web 编程基础	WWW、HTML、CSS、HTTP 协议、客户端和服务端语言介绍	6	HTTP 协议	CSS、HTTP
	4	ASP 编程	ASP 工作原理、语法、内置对象、ActiveX 组件	6	ASP 工作原理、内置对象使用	ASP 工作原理、内置对象、ActiveX 组件
	5	数据库编程	数据库原理、数据库的编程访问、数据库的网络访问	2	数据库原理，数据库的网络访问	数据库原理、数据库的编程访问、数据库的网络访问
	6	JSP 编程	JSP 工作模式、语法、对象	4		
	7	分布式应用开发技术	分布式技术原理；J2EE、Comba、Web Service、ActiveX 组件技术、P2P、网格计算	4		分布式技术原理；J2EE、Comba、Web Service、ActiveX 组件技术、P2P、网格计算

	编号	实验名称	主要内容	机时
课程实验	1	socket 编程	Linux 环境下 socket 编程，编写一个能处理发送和接收消息的 TCP 程序	4
	2	ASP 编程	用 ASP 创建一个简单的数据库访问和查询结果显示的页面程序	4
教学方式	课堂讲授 30 课时＋实验 8 课时＋考核 2 课时			

续表

教材	网络应用编程技术,课程讲义
参考材料	叶树华,高志红．网络编程实用教程．北京：人民邮电出版社,2006
考核方式	笔试70%+实验20%+作业10%

4.2.7　网络管理

1. 课程简介

网络管理是网络工程专业的一门专业必修课。课程主要内容包括网络管理的概念、配置管理、故障管理、性能管理、安全管理、计费管理、管理信息库MIB、CMIP、简单网络管理协议SNMP、RMON等。通过本课程的学习，学生可以熟悉并掌握网络管理的基本概念、管理信息库MIB的信息结构、简单网络管理协议的基本原理和工作原理，熟悉网络管理的配置管理、故障管理、性能管理、安全管理、计费管理功能和RMON的基本概念及工作原理，了解CMIP和现行网络管理系统的组成、开发技术和网络管理的最新发展等内容。

2. 课程信息

<table>
<tr><td rowspan="2">课程名称</td><td colspan="4">网络管理</td></tr>
<tr><td colspan="4">Network Management</td></tr>
<tr><td rowspan="2">基本信息</td><td>开课时间</td><td>学分</td><td>总学时</td><td>课程性质</td></tr>
<tr><td>第四学年(秋)</td><td>2</td><td>40</td><td>专业必修</td></tr>
<tr><td>先修课程</td><td colspan="4">计算机程序设计,操作系统,计算机网络,Internet 协议分析,Linux 操作系统</td></tr>
<tr><td>后续课程</td><td colspan="4">网络管理综合课程设计</td></tr>
</table>

续表

	编号	知识单元	主要知识点	课时	重点	难点
课程主要内容	1	网络管理基本概念	网络管理系统体系结构、OSI管理框架、通信机制、管理域和管理策略、管理信息的层次结构；系统管理支持功能、系统管理功能域、Internet的网络管理框架、简单网络管理协议体系结构以及委托代理	4	网络管理系统体系结构、Internet的网络管理框架、简单网络管理协议体系结构以及委托代理	网络管理系统体系结构，简单网络管理协议体系结构
	2	网络管理的功能	配置管理、故障管理、性能管理、安全管理、计费管理	4	配置管理、故障管理、性能管理、安全管理、计费管理	配置管理、故障管理、性能管理、安全管理、计费管理
	3	管理信息库MIB	管理对象的信息结构、MIB-2的功能组、管理对象的抽象语法描述	4	管理对象的信息结构、MIB-2的功能组、管理对象的抽象语法描述	管理对象的抽象语法描述
	4	CMIP	CMIP的概念模型、标准、结构以及管理服务结构	2	CMIP的概念模型、标准、结构以及管理服务结构	CMIP的结构和管理服务结构

续表

	编号	知识单元	主要知识点	课时	重点	难点
课程主要内容	5	SNMP	SNMPv1 协议系统结构、报文格式、协议操作和访问策略；SNMPv2 的系统结构、协议操作、管理信息库、安全机制；SNMPv3 的系统结构、协议操作、安全模型	8	SNMPv1 协议系统结构、报文格式、协议操作和访问策略；SNMPv2 的系统结构、协议操作、管理信息库、安全机制；SNMPv3 的系统结构、协议操作、安全模型	SNMPv3 的系统结构、协议操作、安全模型
	6	RMON	RMON 的基本概念、局域网统计信息的收集机制以及报警、过滤、分组捕获和事件记录等功能的工作原理、RMON 的管理信息库	4	RMON 的基本概念、功能的工作原理	RMON 的工作原理
	7	网络管理系统实现技术	网络管理系统的设计、网络管理系统的开发技术、现有的网络管理系统	8	网络管理系统的设计、网络管理系统的开发技术	网络管理系统的设计

续表

	编号	实验名称	主要内容	机时
课程实验	1	网络管理软件的安装与应用	熟悉网络管理软件的使用,能使用网络管理软件实现各种网络管理操作	2
	2	开源软件代码分析	分析开源网络管理软件的代码结构,并成功编译	2
教学方式	课堂讲授 34 课时＋实验 4 课时＋考核 2 课时			
教材	[美]Mani Subramanian. 网络管理(原理与实践). 北京：高等教育出版社,2001			
参考材料	1. 杨云江．计算机网络管理技术．北京：清华大学出版社,2005 2. 张国鸣等．网络管理员教程．第 2 版．北京：清华大学出版社,2006 3. 李艇．计算机网络管理与安全技术．北京：高等教育出版社,2003			
考核方式	笔试 70％＋实验 15％＋作业 15％			

4.2.8 网络安全

1. 课程简介

网络安全是计网络工程专业必修课。本课程讲授计算机网络安全的基础理论、原理及其实现方法。主要内容包括网络安全基础知识、数据加密、信息认证、网络协议的安全、防火墙技术、入侵检测技术、无线网络安全等。学生通过本课程的学习，了解计算机网络安全的基本知识和掌握具体应付方法，为更深入地学习和今后从事网络管理工作打下良好的基础。

2. 课程信息

课程名称	网络安全 Computer Network Security			
基本信息	开课时间	学分	总学时	课程性质
	第四学年(秋)	2	40	专业必修

续表

<table>
<tr><td>先修课程</td><td colspan="6">计算机网络，操作系统</td></tr>
<tr><td>后续课程</td><td colspan="6">无</td></tr>
<tr><td rowspan="7">课程主要内容</td><td>编号</td><td>知识单元</td><td>主要知识点</td><td>课时</td><td>重点</td><td>难点</td></tr>
<tr><td>1</td><td>网络安全概述</td><td>网络安全的意义和本质、网络安全面临的威胁、网络安全的特性和基本要求、网络安全机制和管理策略、计算机网络安全等级</td><td>2</td><td>网络安全的特性和基本要求；网络安全机制和管理策略</td><td>了解网络安全的本质和目前网络面临的威胁</td></tr>
<tr><td>2</td><td>网络安全体系结构</td><td>OSI 参考模型和 TCP/IP 协议；IP/TCP/UDP/ICMP 协议的结构以及工作原理；网络安全体系结构、Internet 安全体系结构、各种网络风险及安全</td><td>4</td><td>TCP/IP 协议；IP/TCP/UDP/ICMP 协议的结构以及工作原理</td><td>网络安全体系结构、Internet 安全体系结构、各种网络风险及安全</td></tr>
<tr><td>3</td><td>数据加密技术与应用</td><td>数据加密概述；DES 加密算法；RAS 加密算法；PGP 加密算法</td><td>4</td><td>DES 加密算法；RAS 加密算法；</td><td>DES 加密算法；RAS 加密算法；</td></tr>
<tr><td>4</td><td>信息认证技术</td><td>认证概述；数字签名；哈希函数与消息完整性；身份认证</td><td>4</td><td>数字签名、身份认证</td><td>数字签名、身份认证</td></tr>
<tr><td>5</td><td>网络安全协议</td><td>简单的安全协议；Kerberos 协议；SSL 协议；IPSec 协议；PGP</td><td>4</td><td>SSL 协议；IPSec 协议</td><td>Kerberos 协议；PGP 协议</td></tr>
<tr><td>6</td><td>防火墙技术</td><td>防火墙的定义和功能；防火墙的分类；防火墙技术；防火墙的体系结构</td><td>6</td><td>防火墙技术</td><td>防火墙技术</td></tr>
</table>

续表

<table>
<tr><td rowspan="4">课程主要内容</td><td>编号</td><td>知识单元</td><td>主要知识点</td><td>课时</td><td>重点</td><td>难点</td></tr>
<tr><td>7</td><td>入侵检测技术</td><td>入侵检测概述;入侵检测系统结构;入侵检测系统类型;入侵检测基本技术;入侵检测响应机制</td><td>4</td><td>入侵检测基本技术</td><td>入侵检测基本技术</td></tr>
<tr><td>8</td><td>漏洞扫描技术</td><td>漏洞扫描技术概述;漏洞扫描系统结构;漏洞特征库</td><td>4</td><td>漏洞扫描系统结构</td><td></td></tr>
<tr><td>9</td><td>无线网络安全</td><td>无线通信网络概述;无线网络常见的弱点及攻击手段、无线网络安全对策</td><td>2</td><td>无线网络常见的弱点及攻击手段;无线网络安全对策</td><td>无线网络安全对策</td></tr>
<tr><td rowspan="3">课程实验</td><td>编号</td><td>实验名称</td><td colspan="3">主要内容</td><td>机时</td></tr>
<tr><td>1</td><td>防火墙应用配置</td><td colspan="3">掌握防火墙的基本应用配置</td><td>2</td></tr>
<tr><td>2</td><td>入侵检测Snort的使用</td><td colspan="3">熟悉掌握入侵检测软件Snort的使用</td><td>2</td></tr>
<tr><td>教学方式</td><td colspan="6">课堂讲授34课时+实验4课时+考核2课时</td></tr>
<tr><td>教材</td><td colspan="6">胡道元,闵京华,邹忠岿.网络安全.第2版.北京:清华大学出版社,2008</td></tr>
<tr><td>参考材料</td><td colspan="6">1. 周明全,吕林涛,李军怀.网络信息安全技术.西安:西安电子科技大学出版社,2004
2. 石志国,薛为民,尹浩.计算机网络安全教程(修订本).北京:北方交通大学出版社,2007</td></tr>
<tr><td>考核方式</td><td colspan="6">笔试70%+实验20%+作业10%</td></tr>
</table>

4.2.9 网络性能评价

1. 课程简介

本课程是网络工程专业网络管理与安全方向的选修课。计算机网络的性能主要取决于网络采用的协议类型、拓扑结构、网络设备和网络的使用情况等因素，对网络系统进行科学的、系统的分析和评价，是保证网络设备和网络系统高性能、高效率运行的基本手段，是信息网络迅速发展的需要。网络性能评价的对象包括待建网络系统和已建的网络系统，对待建网络系统，本课程主要介绍对其设计方案的科学性、合理性、可行性等进行评估和验证内容、过程和方法，以帮助用户以有限投资建立最优化的网络环境。对已建的网络系统，本课程主要介绍对网络设备、网络协议、网络应用系统等进行性能监测、分析、控制和管理的内容、过程和方法，以方便网络管理员对网络资源进行科学、有效的管理和控制，为网络的优化、扩容、升级、维护提供科学的依据，使用户得到最佳服务。

通过本课程的教学，学生可以了解网络性能分析和评估的基本原理和主要内容，掌握网络性能分析和评估的基本方法和过程，为将来从事网络设计、网络管理与网络优化等相关工作奠定必要的理论和实践基础。

2. 课程信息

<table>
<tr><td rowspan="2">课程名称</td><td colspan="4">网络性能评价</td></tr>
<tr><td colspan="4">Networks Performance Evaluation</td></tr>
<tr><td rowspan="2">基本信息</td><td>开课时间</td><td>学分</td><td>总学时</td><td>课程性质</td></tr>
<tr><td>第三学年(秋)</td><td>2</td><td>40</td><td>专业选修</td></tr>
<tr><td>先修课程</td><td colspan="4">计算机网络,网络工程,网络管理</td></tr>
<tr><td>后续课程</td><td colspan="4">无</td></tr>
</table>

续表

	编号	知识单元	主要知识点	课时	重点	难点
课程主要内容	1	网络性能评价概述	网络性能评价的基本概念、评价的目标、评价的对象	4	网络性能评价的目标与对象	
	2	网络性能评价指标体系	网络整体性能指标、服务器系统性能指标、网络设备性能指标、网络应用系统性能指标	6	网络整体性能指标、服务器系统性能指标、网络设备性能指标	网络设备性能指标
	3	网络性能分析与评价方法	数学解析法：随机过程模型、排队网络模型、随机 Petri 网模型原理及其在网络性能评价中的应用； 系统仿真法：系统仿真的原理、方法及其在网络性能评价中的应用； 监视测量法：网络性能指标监视与测量的原理、方法和应用	10	随机过程模型、排队论原理； 网络性能指标测量方法	随机过程模型、排队论原理
	4	网络性能优化	服务系统的性能优化、网络设备的性能优化、网络系统的性能优化：网络系统整体的性能优化方法	10	Web、SMTP、DNS 服务系统性能优化方法；交换机、路由器性能优化方法	交换机、路由器性能优化方法
	5	网络性能测试与分析工具	NS-2 的组成、工作原理、主要功能、安装与配置方法、使用方法；IPERF 的原理和功能和使用方法	4	NS-2 安装与配置方法与使用方法	

续表

<table>
<tr><td rowspan="2">课程实验</td><td>编号</td><td>实验名称</td><td>主要内容</td><td>机时</td></tr>
<tr><td>1</td><td>NS-2 的安装、配置和使用</td><td>通过 NS-2 的安装、配置和使用，使学生能使用 NS-2 工具对网络系统的性能进行仿真和分析</td><td>4</td></tr>
<tr><td>教学方式</td><td colspan="4">课堂讲授 34 课时＋实验 4 课时＋考核 2 课时</td></tr>
<tr><td>教材</td><td colspan="4">计算机网络性能评价．课程讲义，计划由清华大学出版社出版</td></tr>
<tr><td>参考材料</td><td colspan="4">1. 吴辰文．计算机网络测试技术及其性能评价．兰州大学出版社，2005
2. 曹庆华．网络测试与故障诊断实验教程．北京：清华大学出版社，2006
3. 林闯．计算机网络和计算机系统的性能评价．北京：清华大学出版社，2001</td></tr>
<tr><td>考核方式</td><td colspan="4">笔试 80%＋实验 10%＋作业 10%</td></tr>
</table>

4.2.10　信息系统集成

1. 课程简介

信息系统集成是网络工程专业的一门专业选修课。课程主要内容包括信息系统集成的概念、原则、目标，在网络集成、数据集成和应用集成三个层次上涉及的相关信息系统集成技术，各层次上主流的技术和标准规范。通过本课程的学习，学生可以了解综合型信息系统开发和集成中面临的主要问题、当前的主流技术和标准，具备信息系统设计、开发、管理和维护的能力，为将来参与信息系统开发、管理和维护打下良好的基础。

2. 课程信息

<table>
<tr><td rowspan="2">课程名称</td><td colspan="4">信息系统集成</td></tr>
<tr><td colspan="4">Information System Integration</td></tr>
<tr><td rowspan="2">基本信息</td><td>开课时间</td><td>学分</td><td>总学时</td><td>课程性质</td></tr>
<tr><td>第四学年（秋）</td><td>2</td><td>40</td><td>专业选修</td></tr>
</table>

续表

<table>
<tr><td>先修课程</td><td colspan="6">软件工程，网络工程，数据库原理</td></tr>
<tr><td>后续课程</td><td colspan="6">无</td></tr>
<tr><td rowspan="4">课程主要内容</td><td>编号</td><td>知识单元</td><td>主要知识点</td><td>课时</td><td>重点</td><td>难点</td></tr>
<tr><td>1</td><td>概述</td><td>信息系统基本概念和发展历史；
信息系统的体系结构和计算模式；
信息系统集成的基本概念、原则与目标；信息系统集成存在的主要问题</td><td>2</td><td>信息系统的体系结构和计算模式</td><td>信息系统的计算模式</td></tr>
<tr><td>2</td><td>信息系统集成的体系结构</td><td>信息系统集成的体系结构；信息系统集成涉及的关键技术；信息系统集成的流程；信息系统集成商、工程监理和用户行为</td><td>2</td><td>信息系统集成的体系结构</td><td>信息系统集成的体系结构</td></tr>
<tr><td>3</td><td>网络集成</td><td>网络系统集成体系结构；网络传输介质；网络传输设备；网络接入技术；
综合布线系统的组成与设计规范；
网络配置管理、性能管理与故障管理；网络安全与安全管理；网络集成的案例分析</td><td>6</td><td>网络系统集成体系结构；
网络集成的基本解决方案</td><td>网络集成的基本解决方案</td></tr>
</table>

续表

	编号	知识单元	主要知识点	课时	重点	难点
课程主要内容	4	数据集成	数据集成的基本概念;异构数据集成的方法;开放数据库互连标准(ODBC)和基于XML的数据交换标准;元数据的概念、标准与管理技术;数据仓库的概念、模型、架构设计方法与数据的组织;数据挖掘的基本概念、方法与多维数据分析;数据仓库解决方案示例	10	异构数据集成的方法,基于XML的数据交换标准,数据仓库架构设计方法,数据挖掘的基本概念和主要方法,多维数据分析,数据仓库解决方案示例	异构数据集成的方法,数据仓库架构设计方法,数据仓库解决方案示例
	5	应用集成	应用集成的概念;软件构件的概念、分类、基本属性和构造原则;基于分布式对象的软件构件和构件的组装; 开放式分布处理的框架、参考模型; 高层体系结构的特点与功能、框架和规则;Microsoft的应用集成技术,对象管理协会(OMG)的应用集成技术,Java平台上的应用集成技术,基于Agent的计算技术,面向服务的体系结构(SOA);电子商务解决方案示例	10	应用集成的概念,需要解决的主要问题和主要方法;应用集成与分布计算的主流技术;电子商务解决方案示例	应用集成与分布计算的主流技术;电子商务解决方案示例

续表

<table>
<tr><td></td><td>编号</td><td>知识单元</td><td>主要知识点</td><td>课时</td><td>重点</td><td>难点</td></tr>
<tr><td>课程主要内容</td><td>6</td><td>信息系统集成示例</td><td>信息系统集成需求分析;信息系统的结构和功能设计;软硬件选型;
信息系统综合集成示例</td><td>4</td><td>分析示例需求,明确系统集成的目标。信息系统集成综合示例</td><td>信息系统集成综合示例</td></tr>
<tr><td rowspan="4">课程实验</td><td>编号</td><td>实验名称</td><td colspan="3">主要内容</td><td>机时</td></tr>
<tr><td>1</td><td>数据系统集成实验</td><td colspan="3">1、通过将 Access 的数据库导入 SQL Server,再将 SQL Server 的数据库导入 Access,掌握异构数据库互导的方法;
2、通过与数据库的连接,使用 SQL Server 的分析服务功能建立、编辑、设计和浏览多维数据集,掌握多维数据分析方法</td><td>2</td></tr>
<tr><td>2</td><td>应用平台配置实验</td><td colspan="3">1、安装与配置 Web Server,运行一些典型的网络应用,理解和体会多层应用架构;
2、通过配置和部署 .NET 平台和软件,运行一些基本的 .NET 应用,理解和体会 .NET 应用架构;
3、通过配置和部署 J2EE 平台和软件,运行一些基本的 J2EE 应用,理解和体会 J2EE 应用架构</td><td>2</td></tr>
<tr><td>3</td><td>应用系统集成实验</td><td colspan="3">1、在现有技术的基础上,编写应用系统间的数据交换接口,实现底层数据的交换,理解和体会适配器应用集成模式;
2、编写应用程序间的消息接口,实现消息的推送,理解和体会消息代理模式</td><td>4</td></tr>
</table>

续表

教学方式	课堂讲授 34 课时＋实验 4 课时＋考核 2 课时
教材	蔡志平，郑倩冰，曹介南．信息系统集成．北京：清华大学出版社，2010
参考材料	1. 邓苏，张维明，黄宏斌．信息系统集成技术．北京：电子工业出版社，2004 2. 刘天华，孙阳，黄淑伟．网络系统集成与综合布线．北京：人民邮电出版社，2008 3. 杨威等．网络工程设计与系统集成．北京：人民邮电出版社，2005 4. 宋晓宇等．数据集成与应用集成．北京：水利水电出版社，2008 5. 左美云．信息系统项目管理．北京：清华大学出版社，2008
考核方式	笔试 70％＋实验 20％＋作业 10％

4.2.11 面向对象程序设计

1. 课程简介

面向对象程序设计旨在向学生介绍面向对象程序设计的思想、方法和语言，主要内容包括面向对象程序设计的基本概念，面向对象程序设计的思想，C++程序设计语言的语法和语义。

通过该课程的学习，学生可以掌握面向对象程序设计的思想和方法，初步具备利用面向对象思想进行程序设计的能力，能熟练运用C++程序设计语言进行编程实现。

2. 课程信息

课程名称	面向对象程序设计			
	Object-Oriented Programming			
基本信息	开课时间	学分	总学时	课程性质
	第二学年(秋季)	2	40	专业选修

续表

<table>
<tr><td>先修课程</td><td colspan="6">大学计算机基础，计算机程序设计</td></tr>
<tr><td>后续课程</td><td colspan="6">网络编程技术，网络编程综合课程设计</td></tr>
<tr><td rowspan="8">课程主要内容</td><td>编号</td><td>知识单元</td><td>主要知识点</td><td>课时</td><td>重点</td><td>难点</td></tr>
<tr><td>1</td><td>面向对象程序设计基本概念</td><td>面向对象的语言和方法；面向对象程序设计的特点；类、对象、消息的基本概念；面向程序的基本结构</td><td>2</td><td>类、对象、消息的基本概念</td><td>面向程序的基本结构</td></tr>
<tr><td>2</td><td>类和对象</td><td>数据抽象和抽象数据类型；类的定义和对象的声明；数据成员、成员函数、访问控制、静态成员；构造函数和析构函数</td><td>4</td><td>数据抽象和抽象数据类型；类的定义和对象的声明</td><td>数据成员、成员函数与访问控制</td></tr>
<tr><td>3</td><td>类和对象的使用</td><td>类的复合；this 指针；类的 const 特性</td><td>4</td><td></td><td>类的复合</td></tr>
<tr><td>4</td><td>重载</td><td>重载的概念和限制；各类运算符的重载</td><td>4</td><td>重载的概念</td><td>各类运算符的重载</td></tr>
<tr><td>5</td><td>继承</td><td>继承的概念；基类和派生类；继承的方式；在派生类中重定义基类成员；派生类和基类的转换</td><td>4</td><td>继承的概念；基类和派生类；继承的方式</td><td>基类和派生类；继承的方式</td></tr>
<tr><td>6</td><td>多态</td><td>多态的概念；静态绑定和动态绑定；虚函数；抽象基类和纯虚函数；虚析构函数</td><td>2</td><td>多态的概念</td><td></td></tr>
<tr><td>7</td><td>文件和流</td><td>文件的基本概念；通过流操作文件</td><td>2</td><td>文件的基本概念</td><td>通过流操作文件</td></tr>
</table>

续表

	编号	知识单元	主要知识点	课时	重点	难点
课程主要内容	8	异常	异常的概念；异常的触发、传输和处理	2		
	9	模板	类属机制；函数模板；类模板	4	函数模板；类模板	函数模板；类模板
	10	类库和软件重用	软件重用；标准C++标准模板库（STL）；MFC 类库；MVC 框架	4		MFC 类库；MVC 框架
课内实验	编号	实验名称	主要内容			机时
	1	大整数类	用C++语言编程实现大整数类及其基本运算			2
	2	集合类	用C++语言编程实现集合类及其基本运算			2
	3	英汉字典的多态性	用C++语言编程实现英汉字典的多态性			2
教学方式	课堂讲授32课时＋实验6课时＋考核2课时					
主要教材	王挺，周会平．C++程序设计．北京：清华大学出版社，2009					
参考材料	邱仲潘等．C++大学教程(第二版)．北京：电子工业出版社，2001					
考核方式	笔试70%＋实验20%＋10% 作业					

4.2.12　Web系统与技术

1. 课程简介

本课程作为网络工程专业的网络工程方向的专业选修课程，主要介绍Web系统的基本架构以及基本概念和协议、Web系统的开发技术、Web系统安全以及通信模式等内容。

通过本课程的学习，学生可以理解Web服务的概念、Web系统的基本架构以及相关概念和协议，掌握Web系统开发的基本技术，了解Web系统安全以及通信模式，培养学生的Web系统及其技术的理论水平和应用能力，为今后的相关工作奠定良好的基础。

2. 课程信息

<table>
<tr><td rowspan="2">课程名称</td><td colspan="6">Web系统与技术</td></tr>
<tr><td colspan="6">Web Systems and Technologies</td></tr>
<tr><td rowspan="2">基本信息</td><td colspan="2">开课时间</td><td>学分</td><td>总学时</td><td colspan="2">课程性质</td></tr>
<tr><td colspan="2">四年级(秋季)</td><td>2</td><td>40</td><td colspan="2">专业选修课</td></tr>
<tr><td>先修课程</td><td colspan="6">信息安全基础,计算机程序技术,数据库原理与技术</td></tr>
<tr><td>后续课程</td><td colspan="6">网络编程综合课程设计</td></tr>
<tr><td rowspan="5">课程主要内容</td><td>编号</td><td>知识单元</td><td>主要知识点</td><td>课时</td><td>重点</td><td>难点</td></tr>
<tr><td>1</td><td>Web系统的基本概念</td><td>Web服务基本概念、Web系统的结构</td><td>4</td><td>Web系统的结构</td><td></td></tr>
<tr><td>2</td><td>Web技术</td><td>HTTP协议的原理、客户端编程、服务端编程</td><td>8</td><td>HTTP协议的原理</td><td>服务端编程</td></tr>
<tr><td>3</td><td>信息架构</td><td>超文本和超媒体的原理和设计方法、高效通信方法、Web设计过程和设计模式、用户建模和用户驱动设计方法</td><td>8</td><td>超文本和超媒体的原理</td><td>Web设计过程和设计模式</td></tr>
<tr><td>4</td><td>数字媒体</td><td>数字媒体的概念和基本结构、媒体的基本格式和结构和媒体制作工具、媒体压缩方法和工具、流媒体的概念</td><td>4</td><td>数字媒体的概念和基本结构</td><td>流媒体的概念</td></tr>
</table>

续表

	编号	知识单元	主要知识点	课时	重点	难点
课程主要内容	5	Web开发	Web界面的基本特点、Web站点的部署和集成方法	4	Web站点的部署和集成方法	Web站点的部署和集成方法
	6	Web系统与安全	Web系统客户端安全缺陷基本防御方法、Web系统服务端安全缺陷和基本防御方法	4	Web系统客户端安全缺陷基本防御方法	Web系统服务端安全缺陷和基本防御方法
	7	社会性软件	同步和异步通信模式、协同和团队模式、网络道德伦理和法律法规	2	网络道德伦理和法律法规	
	编号	实验名称	主要内容			机时
课内实验	1	HTML网页设计	学会使用HTML语言设计并编写网页			2
	2	使用JavaScript设计交互网页	使用JavaScript脚本语言实现数字时钟和调查网页的设计			2
	3	采用脚本语言编写ASP程序	采用ASP支持的脚本语言编写网站的留言本			2
教学方式	课堂讲授34课时+实验2课时+考核2课时					
主要教材	[美]Jackson, J.C. Web技术. 陈宗斌等译. 北京：清华大学出版社，2007					
参考材料	1. 王成良. Web开发技术及其应用. 北京：清华大学出版社，2007 2. 郝兴伟. Web技术导论. 第2版. 北京：清华大学出版社，2009 3. George Coulouris, Jean Dollimore, Tim Kindberg. 分布式系统概念与设计. 金蓓弘，曹冬磊译. 北京：机械工业出版社，2008					
考核方式	笔试70%+实验15%+作业15%					

4.2.13 传感网与物联网技术

1. 课程简介

传感网与物联网技术是网络工程专业选修课程。主要内容包括射频识别技术、传感器及检测技术、无线局域网、无线城域网与个域网、无线自组网络、无线传感器网络、物联网数据融合及管理、云计算、物联网规划设计与构建等。通过本课程的学习，学生可以理解物联网的相关概念与基本原理，了解物联网的组网与数据收集的基础知识，掌握物联网应用的规划设计方法，使学生具备物联网应用、管理和维护能力。

2. 课程信息

<table>
<tr><td rowspan="2">课程名称</td><td colspan="6">传感网与物联网技术</td></tr>
<tr><td colspan="6">Technologies for Sensor Networks and Internet of Things</td></tr>
<tr><td rowspan="2">基本信息</td><td colspan="2">开课时间</td><td>学分</td><td colspan="2">总学时</td><td>课程性质</td></tr>
<tr><td colspan="2">第四学年(秋)</td><td>2</td><td colspan="2">40</td><td>专业选修</td></tr>
<tr><td>先修课程</td><td colspan="6">信号分析与处理、数据通信原理、通信系统、计算机网络</td></tr>
<tr><td>后续课程</td><td colspan="6">无</td></tr>
<tr><td rowspan="3">课程主要内容</td><td>编号</td><td>知识单元</td><td>主要知识点</td><td>课时</td><td>重点</td><td>难点</td></tr>
<tr><td>1</td><td>射频识别技术</td><td>射频识别相关概念、系统组成、工作原理、中间件</td><td>2</td><td>射频识别系统工作原理、中间件</td><td>射频识别中间件</td></tr>
<tr><td>2</td><td>传感器及检测技术</td><td>传感器原理、检测技术、微机接口</td><td>2</td><td>传感器微机接口技术</td><td>传感器信号采集电路、A/D、D/A转换技术</td></tr>
</table>

续表

	编号	知识单元	主要知识点	课时	重点	难点
课程主要内容	3	无线局域网	红外局域网、窄带微波局域网、扩频局域网、IEEE 802.11 体系结构、帧格式、分布协调功能、帧间隔、点协调功能、无线局域网安全技术	6	分布协调功能、点协调功能、WEP、WPA	CSMA-CA、分布协调功能
	4	无线城域网与个域网	IEEE 802.16 无线城域网标准、WiMAX 网络构建、IEEE 802.15.4 无线个域网标准、Zigbee 协议体系结构、蓝牙技术、超宽带技术	2	IEEE 802.16、IEEE 802.15.4、Zigbee 协议	IEEE 802.15.4
	5	无线自组网络	Ad hoc 网络特征、体系结构、单信道 MAC 协议、多信道 MAC 协议、能量感知 MAC 协议、表驱动路由、按需路由、混合式路由	6	单信道 MAC 协议、按需路由协议	FAMA MAC 协议、DSDV、DSR、AODV 路由协议
	6	无线传感器网络	无线传感器网络体系结构与特征、节点部署、拓扑控制算法、基于竞争的 MAC 协议、基于时分复用的 MAC 协议、基于 CDMA 方式的信道分配协议、基于平面结构的路由协议、基于地理位置的路由协议、基于分级结构的路由协议	8	S-MAC 协议、定向扩散路由、地理位置路由	GPSR 路由协议

续表

	编号	知识单元	主要知识点	课时	重点	难点
课程主要内容	7	物联网数据融合及管理	数据融合基本概念、数据融合基本原理、数据融合技术与算法、物联网数据模型、数据管理技术、数据存储查询技术	4	数据融合基本原理、融合技术与算法、数据存储查询技术	传感网数据融合路由算法
	8	物联网规划设计与构建	物联网设计原则、方法与步骤、典型物联网应用系统构建示例：智能家居物联网应用、工业智能控制应用	2	物联网应用需求分析	物联网的广域互联
	编号	实验名称	主要内容			机时
课程实验	1	无线自组网络路由协议实验	安装配置 AODV 路由协议；测试多跳路由协议性能；分析影响路由协议性能的主要因素			2
	2	无线传感网数据收集实验	学习 TinyOS 开发环境的安装和使用方法；通过示例了解程序的编译、烧录和运行；编写、修改程序，通过用户自定义的报文格式将数据以多跳方式发送给 Sink 节点			2
教学方式	课堂讲授 34 课时＋实验 4 课时＋考核 2 课时					
教材	刘化君，刘传清．物联网技术．北京：电子工业出版社，2010					
参考材料	1. 刘云浩．物联网导论．北京：科学出版社，2010 2. 徐明等．移动计算技术．北京：清华大学出版社，2008 3. 孙利民等．无线传感器网络．北京：清华大学出版社，2005					
考核方式	笔试 70％＋实验 15％＋作业 15％					

4.3　小结

本章对网络工程专业的主要专业基础课和专业课的性质、地位、主要知识单元和知识点、实验内容及教学参考资料等逐一进行了介绍，可供相关学校制定教学大纲时借鉴与参考。

第5章　网络工程专业实践教学体系设计

由于网络工程专业实践性非常强，为了在4个专业方向培养学生的实践能力，首先，需要在专业课程中包含的适量的专业课内实验环节，目的是更好地理解和掌握专业课程中的基本原理、基本方法；其次，还必须针对各专业方向设计相应的综合性实践环节，以培养学生理论联系实践的能力以及在各专业方向的专业知识综合运用的能力；第三，为了培养学生自学能力和创新研究能力，鼓励学生在高年级参与自主研究性学习、创新研究和科研训练环节；最后，为了缩短学生岗前培训与实习时间，满足第一任职需要，还应设置毕业前的实训和实习环节和毕业设计环节，对学生第一任职过程中可能遇到的知识、技术、技能、平台工具进行训练。通过上述各实践环节的训练，重点培养学生实践操作能力。网络工程专业实践教学体系如图5-1所示。

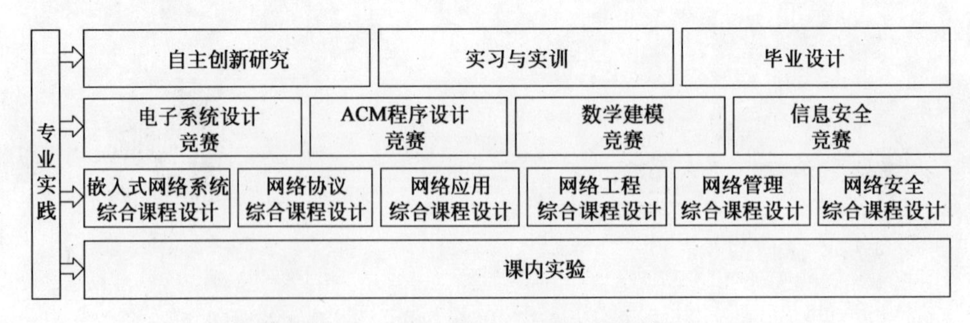

图5-1　网络工程专业实践教学体系

5.1　课内实验

专业课内实验的目的主要是加深、巩固对相关原理的理解和掌握，该环节主要由验证类实验、操作配置类实验和简单设计类实验组成。

每个课内实验占2学时，实验时间安排在相关原理所在知识单元课堂教学完成之后进行。在实验的组织方面，课内实验一般由学生单独完成。课内实验实施时，为了节省学生的学习时间，根据实验的复杂情况，对于一些简单的实验可不要求学生书写完整的实验报告，只需把实验的测试结果以拷屏、数码照片、视频等方式提交即可，课内实验一般以通过与否作为评判结果。

5.1.1　验证类实验

主要目的是对专业基础课程和专业课程涉及到的基本原理与过程、基本方法、基本工具在功能、格式、使用方法等方面通过编程、抓包、协议交互等方式进行验证，适合于在计算机网络原理、TCP/IP协议、无线通信技术、通信系统等课程学习过程中进行，以加深对原理的理解，并为进行其他后续实验打好基础，所以也称这些实验为基础性实验，属于单元实验环节。通过验证类实验教学，消除学生对网络协议理解上的抽象性和神秘感，同时从硬件和软件上初步感受计算机网络的使用与维护方法，掌握使用计算机网络的基本技术。

5.1.2　操作配置类实验

在一个典型的企事业单位网络系统中，包括公共的网络服务系统（如服务器操作系统、Web服务系统、邮件服务系统、域名服务系统等）、专用的网络应用系统（如网络管理系统、安全认证系统、入侵检测系统、漏洞扫描系统、双机热备系统、网络数据备份、数据库系统等）和网络互联设备（如交换机、路由器、防火墙等），它们是业务系统不可或缺的支撑平台，为此，在计算机网络、操作系统、数据库系统、网络工程、网络安全、网络管理等课程的学习过程中，设计一组相应的操作配置类实验，通过对上述单个设备或系统进行安装、配置与简单使用，使学生将所学的网络原理与网络系统和设备有机地结合起来，初步掌握未来网络工程中将遇到的网络服务和网络设备的功能及其安装与配置方法，消除学生对上述设备与系统的陌生感，为后续的网络工程综合课程设计实验打下良好的基础。通过操作配置类实验的训练，既能增强学生就业的信心，同时也有助于缩短他们从事网络工程工作前的上岗培训或见习的时间。

5.1.3 设计类实验

设计类实验有两类，即软件设计类和硬件设计类实验。

1. 软件设计类实验

为了使学生进一步理解 C/S 和 B/S 网络应用模型以及网络应用系统的工作原理与设计方法，掌握基于 socket 编程接口进行基本的网络应用程序设计的方法和基于 Web 技术的网络应用程序设计方法，满足未来网络工程建设过程中遇到的网络应用系统设计、应用系统间网络通信与互联、数据库访问、网站与动态网页设计等网络与应用系统集成需求，在计算机网络原理、程序设计、Web 系统与技术等课程学习过程中，设计一组高级网络应用程序设计类实验。这些实验包括：基于 C/S 模式和面向连接的流机制 socket 网络应用程序设计实验，基于 C/S 模式和无连接的数据报机制 socket 网络应用程序设计实验，基于 B/S 模式或三层构架的网络应用程序设计实验。通过编程设计类实验的锻炼，学生可以初步了解较大型网络应用系统开发的思路，掌握网络程序设计的基本方法，熟悉常用的网络应用系统开发环境，提升自己的网络应用技术水平。

2. 硬件设计类实验

为了便于学生理解串行数据通信接口、以太网接口、网络交换机、路由器等部件和设备组成结构与工作原理，初步掌握与网络、通信相关的硬件系统的设计与开发方法，满足未来网络硬件系统设计与研发需求，在学习计算机原理、网络设备体系结构、嵌入式系统等过程中，安排相应的硬件设计类实验，在已有功能模块或功能部件的基础上通过总体设计、组装与仿真分析实验，使学生熟悉网络硬件系统设计与开发过程，掌握相关的设计、开发与仿真分析平台和工具的使用方法，为将来在网络硬件系统设计、开发、维护和仿真分析等方面进一步深造或从事相关工作打下良好基础。

表 5-1 为网络工程专业部分专业基础课程和专业必修课程课内实验及培养能力对应表。

表 5-1　网络工程专业课内实验与培养能力对应表

课程名称	实验名称	实验目的	能力培养				
			网络硬件设计	网络协议开发	网络应用开发	网络组网工程	网管与安全
计算机原理	串行通信系统设计实验	掌握使用键盘模块、点阵显示器、LED、串口控制器、定时器等模块与芯片进行 I/O 系统设计与编写 I/O 控制程序的方法	√				
	数据采集实验	掌握使用 D/A 和 A/D 模块，进行数据采集与转换方法	√				
网络设备体系结构	网络接口卡实验	熟悉以太网卡的基本结构、主要组件或芯片功能与作用，掌握 MAC 协议的工作原理与实现方法	√	√			
	单片机控制的网络交换机设计与验证实验	熟悉交换机的接口模块、交换模块、管理模块、指示模块和电源模块等主要模块的原理，初步掌握其实现技术	√	√			

续表

课程名称	实验名称	实验目的	能力培养				
			网络硬件设计	网络协议开发	网络应用开发	网络组网工程	网管与安全
网络设备体系结构	基于嵌入式Linux的路由器设计与验证实验	理解路由算法原理，熟悉RIP、OSPF网络路由协议工作过程，初步掌握RIP和OSPF的实现技术	√	√			
嵌入式系统	基于前后台系统的串口通信实验	掌握基于某嵌入式系统开发板，设计一个前后台系统的串口通信程序的方法	√	√			
	μClinux操作系统定制、移植和加载实验	掌握Linux环境下内核交叉编译环境的建立和使用方法，掌握μClinux内核的配置、裁剪、移植的基本过程和方法	√	√			
计算机网络	ARP、ICMP、IP、TCP、UDP协议报文捕获与分析实验	验证TCP/IP协议报文格式和协议交互过程		√	√		
	socket编程接口编程实验	掌握使用socket编程接口进行网络通信与应用程序设计的方法		√	√		
Internet技术及应用	路由协议分析与改造实验	理解路由协议及工作原理，初步掌握对OSPF/RIP路由协议进行分析和改造方法		√	√		
	应用层协议分析与实现实验	理解应用层协议及工作原理，初步掌握对FTP/SMTP/POP3等应用层协议进行分析和实现方法		√	√		

续表

课程名称	实验名称	实验目的	能力培养				
			网络硬件设计	网络协议开发	网络应用开发	网络组网工程	网管与安全
网络工程	交换机安装与配置实验	掌握网络工程中常用的交换机的安装、配置与使用方法				√	√
	路由器安装与配置实验	掌握网络工程中常用的路由器的安装、配置与使用方法				√	√
信息系统集成	数据集成实验	掌握 Access 和 SQL Server 异构数据库的互导和 OLAP 多维数据分析的方法			√	√	
	应用集成实验	掌握.NET、J2EE 开发平台的安装和配置方法，初步掌握利用上述平台进行典型的.NET、J2EE 应用系统开发的方法			√	√	
网络性能评价	NS-2 的安装、配置和使用实验	掌握使用 NS-2 对网络系统的性能进行仿真和分析的方法				√	√
	Open Net 的安装、配置和使用实验	掌握使用 OpenNet 对网络系统的性能进行仿真和分析的方法				√	√
网络安全	网络嗅探与数据分析试验	掌握网络嗅探工具的原理和实现方法			√	√	√
	服务端口扫描实验	掌握端口扫描系统的工作原理和实现方法			√	√	√

续表

课程名称	实验名称	实验目的	能力培养				
			网络硬件设计	网络协议开发	网络应用开发	网络组网工程	网管与安全
网络安全	防火墙系统的安装配置与使用实验	理解包过滤、地址转换、端口影射等网络安全策略，掌握防火墙系统的安装、配置与使用方法			√	√	√
网络管理	通过SNMP协议进行网络设备网管参数采集实验	理解SNMP网络管理协议的原理与工作过程				√	√
	Linux环境下SNMP Agent开发实验	掌握SNMP代理程序设计与开发方法				√	√
移动通信与网络	基于J2ME平台的手机应用程序开发实验	熟悉J2ME手机开发平台	√	√			
	Crossbow Motes节点数据采集实验	熟悉Crossbow无线传感器网络平台	√	√			
Web系统与技术	HTML网页设计实验	掌握Dreamweaver、Frontpage等网页制作工具进行一般HTML网页制作的方法			√		
	JavaScript交互网页设计实验	掌握利用JavaScript建立动态网页的原理与方法			√		

续表

课程名称	实验名称	实验目的	能力培养				
			网络硬件设计	网络协议开发	网络应用开发	网络组网工程	网管与安全
操作系统	Linux 操作系统安装、配置与使用实验	熟悉 Linux 操作系统的安置与配置过程，掌握其常见功能使用方法				√	√
	Linux 操作系统内核裁剪、模块编译与安装、内核安装实验	掌握对 Linux 操作系统内核进行裁剪、模块编译与安装、内核安装的方法		√	√	√	√
程序设计	循环结构程序设计实验	掌握使用 C/C++的循环结构进行程序设计的方法		√	√		
	指针与结构程序设计实验	掌握使用 C/C++的指针和结构体进行程序设计的方法		√	√		
	递归程序设计实验	掌握使用 C/C++的函数递归进行程序设计的方法		√	√		
数据结构	顺序表和链表结构应用实验	掌握使用顺序表和链表结构进行数据表示和应用的方法		√	√		
	栈与循环队列应用实验	掌握使用栈与循环队列结构进行数据表示和应用的方法		√	√		
	二叉树和树结构应用实验	掌握使用二叉树和树结构进行数据表示和应用的方法		√	√		
	图结构应用实验	掌握使用图结构进行数据表示和应用的方法		√	√		

续表

课程名称	实验名称	实验目的	能力培养				
			网络硬件设计	网络协议开发	网络应用开发	网络组网工程	网管与安全
算法设计与分析	宽度优先和广度优先搜索算法设计与分析实验	掌握使用宽度优先和广度优先搜索算法进行程序设计与算法效率分析的方法		√	√		
	动态规划算法设计与分析实验	掌握使用动态规划算法进行程序设计与算法效率分析的方法		√	√		
	排序算法设计与分析实验	掌握使用排序算法进行程序设计与算法效率分析的方法		√	√		
数据库原理与技术	SQL 语言数据库访问实验	掌握使用 SQL 语言对数据库表进行创建、数据插入、查询、统计、修改、删除等操作的方法			√		
	数据库应用实验	掌握根据实际应用需求进行数据库、表结构设计、存储与访问优化和数据库系统安装、配置与管理的方法			√	√	√
软件工程	软件系统需求分析实验	掌握软件系统需求分析的方法		√	√		
	软件系统概要设计实验	掌握软件系统概要设计的方法		√	√		
	软件测试实验	掌握软件系统测试的方法		√	√		

5.2 综合课程设计

通过各专业课内单元实验的实践锻炼，学生对实验涉及到的重点知识单元的内容、原理、相关技术与技能等有了更进一步的理解和掌握，为网络工程各专业方向技术与技能培养奠定了必要的基础，但仅有对单个知识单元的理解与掌握还不够，为此，在每个专业方向还必须设计一个综合性的课程设计实践环节，进一步培养学生理论联系实际的能力和专业知识综合运用的能力。

每个综合课程设计实验建议占16个计划学时，建议综合课程设计集中安排在大三或大四的春季学期末2周进行，根据学生的专业方向兴趣，每次安排2个综合课程设计。在实验的组织方面，可根据实验器材和环境情况，以4～8人组成的小组为单位进行。为了培养学生论文书写的能力，要求书写完整的实验报告，包括实验的目的、内容、原理、步骤与方法、人员分工、测试结果（以拷屏、照相、录音为证据）、遇到的问题及解决方法、实验收获与体会等内容。

为了防止小组内某些学生滥竽充数，综合课程设计实验必须通过任课或辅导老师的测试与验收，且在测试时由老师随机指定小组某成员来实施操作或针对实验内容和方法进行提问，以考察其参与实验的情况，并作为该小组实验完成的质量的依据。

综合课程设计评判的标准主要包括完成的质量（设计思想是否新颖、采用的技术是否恰当、系统功能是否齐全、操作界面是否漂亮）、完成的时间先后（如前20％为优秀、前21％～40％为良好等）、实验报告的质量等。

由于综合课程设计是某专业方向知识的综合应用，具有一定的难度，且受到实验课时与环境的限制，必要时可降低课程设计的难度，由老师提供软硬件系统的总体框架和部分功能模块的示例代码，由学生完善各部分的功能，并进行组装与集成，最后完成设计目标。

5.2.1 嵌入式网络设备开发综合课程设计

在学习计算机网络原理、嵌入式系统、Linux 操作系统、C 语言程序设计等专业课程后，为了使学生熟练掌握嵌入式系统的开发流程和方法，具备从事网络新产品的研发与设计的能力，安排一个嵌入式以太网交换机综合课程设计，采用 ARM 为主的嵌入式系统开发平台和开源的 Linux 操作系统，开发一个具有以下功能的网络交换机原型系统：

- 支持以太网交换引擎；
- 4 个 10/100M 自适应、全/半双工、线速交换以太网接口；
- 1 个串行接口；
- 支持基于端口的虚拟局域网 IEEE 802.1Q 标准；
- 支持 IEEE 802.1D 生成树协议；
- 支持 Mini PCI 和 CARDBUS 外围设备接口。

通过本综合课程设计的锻炼，学生可以加深对以太网技术的理解，初步掌握网络设备设计与开发的基本过程和方法，为将来从事基于嵌入式系统的网络及相关设备的设计与开发相关的科研工作打下良好基础。

5.2.2 网络协议设计与实现综合课程设计

在学习计算机网络原理、Internet 协议分析、Linux 操作系统、C++程序设计等专业课程后，为了使学生熟练掌握网络协议分析、设计方法，具备从事网络新产品中的系统软件研发与设计的能力，安排一个网络协议分析与设计综合课程设计，具体内容可在下列项目中选择 1～2 个进行实验：

- 滑动窗口协议的设计与模拟实现；
- IEEE 802.1Q VLAN 协议的设计与模拟实现；
- IEEE 802.1D 生成树协议的设计与模拟实现；
- RIP 2 动态路由协议的设计与模拟实现；

- OSPF 动态路由协议的设计与模拟实现；
- Ad hoc 网络动态源路由（DSR）协议和按需距离矢量路由（AODV）协议的设计与模拟实现；
- 包过滤防火墙软件系统的设计与模拟实现。

通过典型网络协议的分析、设计与模拟实现的编程锻炼，使学生加深对网络协议精髓的理解，熟悉网络系统软件的设计与开发的方法，为将来从事网络及应用协议设计与开发相关的科研工作打下良好基础。

5.2.3　网络应用系统设计与开发综合课程设计

为了使学生牢固掌握基于C/S、B/S网络应用程序设计的原理与方法，满足未来网络工程中遇到的应用系统间网络通信与互联、动态网页设计、数据库访问等应用集成需求，在学习C语言程序设计、计算机网络、数据库原理与技术、Web技术等专业课程后，设计多个网络应用程序综合设计项目，如网络文件传送系统、交互聊天系统、消息留言系统、数据库查询与信息发布系统等的网络应用程序，涉及的技术包括：

- 基于C/S模式、面向连接或无连接的socket网络通信技术；
- 基于B/S模式、采用ASP. NET/J2EE/PHP ＋ Apache＋ Mysql等Web编程技术。

在实验组织方法上，为了使学生快速熟悉开发环境，采用提供系统构架模板和部分源程序代码的方法。例如，在C/S模式编程部分，提供客户端或服务端的代码，让学生参考后写出对应的服务端或客户端的代码，或者提供一段简单的通信代码模板，让学生完善后使之具有特定的网络通信功能。

通过应用程序综合编程锻炼，学生可以了解大型网络应用系统设计、开发的方法，熟悉主流的编程工具和环境，提升网络应用的技术水平，为将来从事网络相关的应用系统的设计与开发工作打下良好基础。

5.2.4 网络工程综合课程设计

为了使学生熟练掌握网络工程实施过程中的相关技术，将来能胜任网络系统集成公司的网络工程师岗位，从事网络工程的方案设计与论证、工程实施与系统集成等工作，在学习网络工程、信息系统集成等专业课程后，以中小型企事业单位的网络服务平台设计和施工为目标，安排一个网络工程综合课程设计项目，要求学生根据给定的组网需求设计一个合理的组网方案，完成网络工程方案的设计与规划、交换机、路由器等网络设备的连接、安装与配置、网络服务与网络应用系统的部署、网络系统的联调与功能测试等工作，组网的具体要求如下：

- 具有外部网络接入功能：通过路由器模拟与外部网络的相连；
- 具有对核心网络和关键业务单点故障防范功能：包括核心交换机链路聚合和链路冗余、虚拟路由冗余功能、主要服务系统（如数据库系统）双机热备份功能和 Web 服务系统多机负载均衡功能等；
- 将内部网络划分成多个虚拟局域网：根据应用需求，将网络按部门划分成多个 VLAN 并实现 VLAN 之间的通信；
- 具有对内部核心子网安全防护功能：通过防火墙系统的包过滤和 NAT 机制实现对内部网络按策略访问；
- 具有通过代理访问外部网络功能：将局域网用户分组且授予不同的代理权限（如访问目标、访问内容、访问时间等），根据权限进行上网访问控制；
- 具有内部 Web 服务功能：包括虚拟主机服务和个人网页服务；
- 具有邮件收发功能：为内部用户开通邮件服务账号，能通过 SMTP、POP3 接收和发送内部和外部邮件；
- 具有域名解析功能：能对内部网络中的服务系统进行域名解析；
- 具有入侵检测和漏洞扫描功能：能对内部网络系统中存在的安全漏洞进行扫描并报告，对入侵行为进行实时检测；

- 具有网络管理功能：能对网络拓扑进行自动发现，对故障进行告警，对主要端口的网络流量进行统计分析。

通过对网络组网过程中交换机、路由器、防火墙、服务器等相关硬件设备及Web服务系统、邮件服务系统等相关软件系统的安装、配置、调试等技术和方法的训练，学生可以加深对网络组网工程过程的理解，掌握常用的网络软硬件系统安装与配置方法，为将来从事网络规划设计与组网等工作打下良好基础。

5.2.5 网络系统管理与维护综合课程设计

为了使学生深入理解并掌握基于SNMP的网络管理的原理和相关技术，在学习网络工程、网络管理、网络性能评价等课程后，可安排一个网络管理综合课程设计，内容为利用开源的NET-SNMP工具包或WinSNMP API编程接口，在提供开发环境、系统构架和部分代码的基础上，开发具有以下功能的网络管理系统：

- 配置管理功能：能自动发现交换机、路由器、服务器等网络设备的名称、生产厂家、CPU型号与内存容量、IP地址、接口数量与类型等配置信息；
- 网络拓扑图发现功能：能自动发现交换机、路由器、服务器、PC等网络设备的拓扑连接关系并用图形的方式在界面上显示出来；
- 性能管理功能：能对网络设备接口性能指标（如流入/流出字节数、丢包率、错包率、广播包率等）、服务器性能指标（如CPU利用率、内存利用率、磁盘空间利用率等）进行采集与分析，并用图表的方式在界面上显示出来；
- 故障管理功能：能对网络设备故障、链路故障、性能指标故障等进行监测与故障定位，并在拓扑图上标示出来，同时在界面上产生故障告警信息；
- 安全管理功能：能发现并记录对网络系统可疑的访问，并在界面上产生安全事件告警信息；

• 其他管理功能：具有用户管理、权限管理、日志管理等辅助功能。

通过对网络管理与维护相关技术和方法的训练，学生可以加深对网络管理系统实现的原理、系统的功能、系统的操作与使用等方面知识与技术的理解和掌握，为将来从事网络管理与维护等工作打下良好基础。

5.2.6 网络安全防范综合课程设计

为了使学生加深对计算机网络安全知识的理解，掌握网络攻击和网络防御的基本技术及其设计与开发方法，为将来安全系统的设计、部署和维护打下良好的基础，可在下列项目中选择1～2个进行网络安全防范综合实验：

• 网络扫描系统的设计与实现：包括主机扫描、端口扫描、操作系统辨识、漏洞扫描等功能的实现技术，以及根据扫描结果对网络的脆弱性和安全性进行分析与评估；

• 防火墙系统的设计与实现：熟悉防火墙系统的组成结构与工作原理，掌握基于Linux系统的具有包过滤、地址转换、流量控制等功能的防火墙系统的设计与开发方法；

• 入侵检测系统的设计与实现：熟悉入侵检测系统的组成结构与工作原理，分析snort入侵检测系统的模块结构、功能组成和检测算法，初步掌握基于主机或网络的入侵检测系统的设计与开发方法；

• 拒绝服务攻击：理解DoS攻击的基本概念，熟悉DoS攻击的原理，掌握防御DoS攻击的基本方法，具有DoS攻击工具设计与开发的能力；

• 缓冲区溢出攻击：理解缓冲区溢出的基本概念，熟悉缓冲区溢出攻击的原理，掌握实际编程中防御缓冲区溢出攻击的方法和安全原则。

通过上述6个方面的综合性实践教学环节的实践训练，学生可以对网络工程生命周期中各阶段的主流技术有更深刻的理解，对所学的专业知识有一个综合的运用，对理论联系实际的能力和动手操作的能力有较大的提高，初步掌握网络设备、网络协议与网络应用系统的设计与开发方法、网络组网工程的规划、设计与实施方法以及网络管理与维护、网络安全防范的基本技能，培养学生动手操作的能力和设计与创新的能力，为将来胜任网络工程专业各方向的工作岗位的工作打下坚实的基础。

5.3　学科与专业竞赛

为了扩大学生的知识面，培养学生理论联系实际和动手操作的能力，可鼓励有能力的学生在老师的指导下，利用课余时间和假期参与学校、大型企业、省、教育部或全球等各种级别的大学生学科或专业竞赛，并将竞赛成绩与研究生保送、录取和毕业分配或工作推荐等结合起来。目前适合网络工程专业学生参与的竞赛项目主要包括以下几项。

1. 全国大学生数学建模竞赛

数学建模竞赛是教育部高等教育司和中国工业与应用数学学会共同主办的面向全国大学生的群众性科技活动，目的在于激励学生学习数学的积极性，提高学生建立数学模型和运用计算机技术解决实际问题的综合能力，鼓励广大学生踊跃参加课外科技活动，开拓知识面，培养创造精神及合作意识，推动大学数学教学体系、教学内容和方法的改革。

竞赛每年9月举行，为期3天，面向全国大专院校的学生，不分专业(但竞赛分本科、专科两组)，所有大学生均可参加。

竞赛题目一般来源于工程技术和管理科学等方面经过适当简化加工的实际问题，不要求参赛者预先掌握深入的专门知识，只需要学过高等学校的数学课程。题目有较大的灵活性供参赛者发挥其创造能力。参赛者应根据题目要求，完成一篇包括模型的假设、建立和求解、计算方法的设计和编程实现、结果的分析和检验、模型的改进等方面的论文（即答卷)。竞赛评奖以假设的合理性、建模的创造性、结果的正确性和文字表述的清晰程度为主要标准。

2. 全国大学生电子设计竞赛

电子设计竞赛是教育部倡导的大学生学科竞赛之一，是面向大学生的群众性科技活动，目的在于推动高等学校促进信息与电子类学科课程体系和课程内容的改革，有助于高等学校实施素质教育，培养大学生的实践创新意识与基本能力、团队协作的人文精神和理论联系实际的学风；有助于学生工程实践素质的培养、提高学生针对实际问题进行电子设计制作的能力；有助于吸引、鼓励广大青年学生踊跃参加课外科技活动，为优秀人才的脱颖而出创造条件。

竞赛每逢单数年的9月份举办，赛期4天。在双数的非竞赛年份，根据实际需要由全国竞赛组委会和有关赛区组织开展全国的专题性竞赛，同时积极鼓励各赛区和学校根据自身条件适时组织开展赛区和学校一级的大学生电子设计竞赛。

竞赛采用全国统一命题、分赛区组织的方式，竞赛采用“半封闭、相对集中”的组织方式进行。竞赛期间学生可以查阅有关纸介或网络技术资料，队内学生可以集体商讨设计思想，确定设计方案，分工负责、团结协作，以队为基本单位独立完成竞赛任务；竞赛期间不允许任何教师或其他人员进行任何形式的指导或引导；竞赛期间参赛队员不得与队外任何人员讨论商量。参赛学校应将参赛学生相对集中在实验室内进行竞赛，便于组织人员巡查。为保证竞赛工作，竞赛所需设备、元器件等均由各参赛学校负责提供。

3. ACM大学生程序设计竞赛

ACM大学生程序设计竞赛是由美国计算机协会（ACM）主办的，旨在展示大学生创新能力、团队精神和在压力下编写程序、分析和解决问题能力的年度竞赛，是世界上公认的规模最大、水平最高、参与人数最多的国际大学生程序设计竞赛，被誉为计算机领域“奥林匹克”峰会。

该竞赛面向全世界的大学生，分为地区赛和决赛，每年举办一次，地区赛的优胜者才有资格参加决赛。全球共分若干个赛区，数十个赛点。中国学生可以报名参加亚洲赛区的任何赛点的比赛。竞赛以团队的形式代表各学校参赛，每队由 3 名队员组成，每位队员必须是在校学生。比赛期间，每队使用 1 台电脑需要，在 5 个小时内使用 C、C++、Java 或 Pascal 中的一种编写程序解决 7～10 个问题。程序完成之后提交裁判运行，运行的结果会判定为正确或错误两种并及时通知参赛队。每道试题用时将从竞赛开始到试题解答被判定为正确为止，其间每一次提交运行结果被判错误的话将被加罚 20 分钟时间，未正确解答的试题不计时。最后的获胜者为正确解答题目最多且总用时最少的队伍。

4. 嵌入式系统设计竞赛

嵌入式系统设计竞赛是大学生电子设计竞赛的专题竞赛项目，该竞赛不但为在校学生提供了与世界前沿科技接触、培养动手和实践能力的机会，同时，嵌入式系统是目前国内外教学改革广为关注的内容之一，该专题竞赛的开展将对电子信息类专业基础课程教学内容的更新、整合、改革以及课程建设起到促进作用。该竞赛特别适合于网络工程专业网络硬件系统设计方向的学生参加。竞赛要求参赛队自主命题、自主设计，独立完成一个具备一定功能的嵌入式应用系统。

5. 全国大学生信息安全竞赛

信息安全竞赛是一项全国性的大学生科技活动，目的在于宣传信息安全知识，培养大学生的创新精神、团队合作意识，扩大大学生的科学视野，提高大学生的创新设计能力、综合设计能力和信息安全意识，促进高等学校信息安全专业课程体系、教学内容和方法的改革，吸引广大大学生踊跃参加课外科技活动，为培养、选拔、推荐优秀信息安全专业人才创造条件。

该竞赛努力与课程体系和课程内容改革密切结合，与培养学生全面素质紧密结合，与理论联系实际学风建设紧密结合。竞赛侧重考查参赛学生的创新能力，内容应既有理论性，也有工程实用性，从而可以全面检验和促进学生的信息安全理论素养和实际动手能力。

全国在校全日制本、专科大学生均可参加，专业不限，参赛学生以队为单位参赛，每队不超过4人，每名学生只能参加一支参赛队伍，每支参赛队伍只能报一个参赛题目。竞赛分初赛和决赛，各高校组织、学生自愿报名参加由组委会组织的初赛，专家组评审通过的参赛队伍可进入决赛。进入决赛的参赛队伍数由专家组根据当年参赛队伍总数及参赛作品质量确定。

6. “挑战杯”大学生系列科技作品竞赛

“挑战杯”大学生系列科技作品竞赛是由共青团中央、中国科协、教育部和全国学联共同主办的全国性的大学生课外学术实践竞赛，活动坚持“崇尚科学、追求真知、勤奋学习、锐意创新、迎接挑战”的宗旨。“挑战杯”竞赛有两个并列项目，一个是“挑战杯”中国大学生创业计划竞赛，另一个是“挑战杯”全国大学生课外学术科技作品竞赛，这两个项目的全国竞赛交叉轮流开展，每个项目每两年举办一届。

“创业计划竞赛”要求参赛者组成优势互补的竞赛小组，提出一项具有市场前景的技术、产品或者服务，并围绕这一技术、产品或服务，以获得风险投资为目的，完成一份完整、具体、深入的创业计划。竞赛采取学校、省（自治区、直辖市）和全国三级赛制，分预赛、复赛、决赛三个赛段进行。

“挑战杯”全国大学生课外学术科技作品竞赛一般分为三大类：自然科学类学术论文、社会科学类社会调查报告和学术论文、科技发明制作。凡在举办竞赛当年7月1日起前正式注册的全日制非成人教育的各类高等院校的在校中国籍本专科生和硕士研究生、博士研究生（均不含在职研究生）都可申报参赛。每个学校选送参加竞赛的作品总数不得超过6件（每人只限报一件作品）、作品中研究生的作品不得超过3件，其中博士研究生作品不得超过1件。各类作品先经过省级选拔或发起院校直接报送至组委会，再由全国评审委员会对其进行预审，并最终评选出80%左右的参赛作品进入终审，最终在参赛的三类作品评出特等奖3%、一等奖8%、二等奖 24%、三等奖 65%。“挑战杯”竞赛活动在较高层次上展示了我国各高校的育人成果，推动了高校与社会间的交流，已成为学生课余科技文化活动中的一项主导性活动，成为高校与社会交流与合作的重要窗口，成为促进高校科技成果向现实生产力转化的有效方式，成为培养高素质人才的重要途径，也是企业界接触和物色优秀科技英才、引进科技成果、宣传企业、树立企业良好形象的最佳机会，从而越来越受到广大学生的欢迎和各高校的重视。

5.4　自主创新研究

5.4.1　专业课内自主研究学习

为了培养学生自学的能力和自主研究创新的能力，让学生熟悉科学研究的一般方法，为后续“创新研究计划”、“毕业设计”和将来在研究生阶段进一步深造或从事科学研究工作奠定良好的基础。为此，可从大二开始的部分专业课内，安排学生开展自主研究性学习与创新环节，激发学生主动学习的积极性，扩大他们的知识面和知识深度，培养理论联系实际的学风、自学的能力以及发现问题并动手解决问题的能力。以某专业课程为例，具体安排如下：

- 在课程教学中期，部署自主研究性学习活动，研究性学习主题为“xx 技术的原理、功能、实现技术与应用研究”；
- 具体题目与内容不限，个人或小组（每组不超过 5 人）根据自己的爱好与兴趣自选研究与学习题目，填写项目申报书并进行申报，由主讲老师和同学们一起从中选取具有代表性意义的、同学们比较感兴趣的题目，让申报者开展学习与研究；
- 学生在学习与研究过程中，根据需要，可请求主讲老师对遇到的问题进行指导；
- 课程结束前安排 2 次课内时间（每组 30 分钟左右，如果不够利用课余时间），开展学习交流，由学生报告或演示研究学习的内容和研究结果，回答老师和其他同学的提问，最后由主讲老师进行点评，让同学们分享学习的成果与快乐；

- 由于教学课时关系，本环节非必需环节，并不要求所有学生参加，但为了鼓励学生开展自主研究性学习，本环节不低于10分，可作为附加分记入期末总成绩，但总分不超过100分；
- 在交流时根据以下内容由老师和同学们一起进行当场评分。

选题是否新颖	2分
是否达到预期研究或学习成果	3分
交流内容准备是否充分	2分
介绍是否清楚或交流是否流利	1分
回答提问是否正确	1分
PPT是否美观	1分

实践表明，学生对这种开放型的、交互式的教学模式和主动的学习方法是非常欢迎的，由于采用自主研究学习与交流的形式，改变了原来老师灌输、学生们被动接收的模式，激发了学生们的学习积极性，不仅从事研究的学生学到了知识，其他学生通过交流也大有收获，并且培养了他们理论联系实际的学风和发现问题、分析问题、解决问题的能力，这是一两堂原理课所不能达到教学效果。

5.4.2 创新研究与实验

为了响应党中央关于“建立创新性国家”的号召，培养大学生发现问题、分析问题和动手解决问题的兴趣和能力，培养年轻人创新的意识和创业的精神，国家教育部、各省教育厅和高等院校开展了“大学生创新性实验计划”活动，由学生以小组为单位根据自己兴趣、专业特长和创新灵感自主选择研究课题，确定研究目标、技术路线和研究计划，由所在学院组织申报并进行答辩与评审，然后逐级向上推荐，一旦立项获得批准，根据获批的单位级别，各单位将配套给予0.5万～2万元不等的经费资助。学生利用课余时间和寒暑假在老师的指导下自主开展研究，毕业前结题，由所在院校组织专家对项目研究进展情况进行中期检查和结题评审，评审时由学生提交结题书面申请材料、演示或展示研究成果、汇报研究情况并接受专家的质询。

大学生创新性实验计划重在自主与创新，通过创新研究环节的锻炼，使学生进一步熟悉科学研究的一般过程和方法，培养探究问题的兴趣与能力以及团结协作的精神和自主创业的精神，为将来就业或从事相关研究工作打下良好基础。

5.5 实训与实习

实训和实习的主要目的是缩短第一任职岗前培训的时间，为此，需要让网络工程专业的学生熟悉或掌握将来主要就业行业或领域中可能遇到的主流的软硬件系统开发工具、网络软硬件产品功能与配置方法、网络应用平台使用方法、网络管理与网络安全系统的部署方法以及常见的网络系统管理与维护方法与技能。具体可包括以下措施，各学校可根据条件有选择地实施。

1. 见习环节

参观一个学校、一个IT企业、一个传统企业、一个事业单位、一个网络设备研发单位的大中小规模不等的办公网络环境或科研环境，见识多个厂家、多种品牌、多个档次和配置的网络交换机、路由器、服务器、无线设备及网络应用系统的应用情况或研发过程。见习的周期一般每个单位一天为宜，时间可安排在第一学年进行，增强学生对专业兴趣和自豪感，为后续专业课程的学习奠定情感基础。

2. 实训环节

在校内实验与实训基地，通过与企事业单位的合作，将典型企事业单位信息化建设和应用中的主流的网络应用环境和常见的应用系统原型化（案例化）和功能模块化，并针对每一个案例和功能模块，设计一组实训项目，如网络设备（网卡、交换机、路由器、防火墙等）设计与开发、复杂环境下的组网工程、基于 Web 的网络应用系统设计与开发、网络管理系统设计与开发、网络安全系统设计与开发等，供学生实习训练，实训的主要目的让学生熟悉主流行业企事业单位信息化的行业背景与应用环境，掌握相关软硬件系统开发工具的使用方法，为下一阶段的校外实习做好准备。实训的周期一般以 2～4 周为宜，时间可安排在第三学年以后进行。

3. 实习环节

为了让学生接触社会，了解实际的用户需求、体验未来就业单位的工作环境和实际的项目开发过程，还需要与校外企业或培训基地合作，让学生参与到实际的网络软硬件系统开发、组网工程项目中或网络管理与维护工作中，与单位其他员工一起参与项目讨论，并承担适当的项目设计与开发或项目实施工作量，通过自己的耳虞目染和单位员工的言传身教，使学生融入到项目工作中去。实习的周期一般以 1～2 个月为宜，时间可安排在第四学年进行。

通过见习、实训和实习环节的锻炼，让学生接触社会，体验项目开发的过程，熟悉相关的工具，掌握相关的网络技术，学会与人交流和沟通的方法，培养团结协作的精神，从而缩短未来就业时岗位任职前的培训时间，满足学生的第一任职需要。

5.6 毕业设计

毕业设计是大学生四年专业知识学习后的一次综合性专业技术实践锻炼机会，目前各大学毕业设计课题主要由指导教师根据自己的课题、研究方向或兴趣爱好确定，范围和技术/技能培养侧重在计算机科学技术领域的各个方向，作为网络工程专业的学生其毕业设计没有围绕网络工程专业的 4 个专业方向展开，也没有收敛到企事业单位急需的信息化建设和应用相关技术上来。考虑到学生个体知识与能力的差异，建议将毕业设计选题分成两大类。

- 经典类毕业设计课题：这类选题倾向于工程型和应用型人才，强化学生对专业知识的掌握以及所学知识的综合应用能力的培养。课题围绕网络工程专业的4个方向展开，主要包括网络硬件设计、网络协议分析与设计、网络应用系统设计与开发、网络组网技术研究、网络管理技术研究、网络安全技术研究等方面的内容，这些经典课题通过历届学生的不断完善，指导老师在选题内容、组织形式、指导方式、过程控制、完成形式等多方面积累了大量宝贵的经验，非常有利于学生的知识和能力的培养。
- 创新类毕业设计课题：这类选题倾向于研究型人才，着重培养学生的科学研究与创新的能力。课题包括但不限于网络工程、计算机科学与技术、通信工程等相关专业及其交叉领域，由指导老师根据该领域的当前热点问题的研究情况，确定毕业设计选题，由学生根据自己的能力来选择。也可由学生根据自身的研究兴趣和创意立题，经过指导老师的认可后开展毕业设计工作。有些课题可以在大三时提前介入，也可与前面的创新研究计划、嵌入式系统与电子设计竞赛、信息安全竞赛等结合起来进行，此外，对于某些学习成绩优异、动手能力强的学生，在不影响课程学习的前提下，老师可将学生带入到自己的相关科研项目中，让学生参与项目的方案设计、论证工作，并承担一些力所能及研究工作，在老师们的熏陶下，使学生了解科学研究的过程，培养理论与实践相结合的能力。

本科毕业设计的周期一般为3～4个月，主要包括选题、开题、课题研究与指导、书写论文、论文答辩等环节。具体步骤如下。

1. 选题

毕业设计课题通过老师、学生与教务部门三方协调后，最终以毕业设计任务书的形式确定下来（格式参见附录B.1节），任务书由指导老师负责填写，并交学生保管，毕业答辩时与论文一起提交给答辩委员会，作为毕业设计是否完成指定任务的依据。

2. 开题

毕业设计课题确定后，老师应向学生介绍毕业设计课题的背景、内容与要求，学生充分理解本毕业设计课题的任务，通过查阅相关资料，在老师的指导下确定相关的技术路线、方法、步骤和进度安排，并书写开题报告（格式参见附录B.2节），由指导老师审阅签字后（必要时指导老师可组织相关人员听取开题报告，并提出修改意见）交由学生保管，毕业答辩时与论文一起提交给答辩委员会。

3. 课题研究与过程控制

为了确保学生按进度计划开展研究工作，并最终完成毕业设计任务，指导老师必须对毕业设计过程进行指导和控制，一般要求学生1～2周必须向老师就进展情况、存在的问题、下一步的计划等进行汇报，老师根据汇报情况特别是存在的问题进行针对性地指导，每次指导结束时，师生双方在指导记录表（格式参见附录B.3节）签字确认。

4. 撰写毕业论文

毕业设计过程中学生应逐渐积累相关的资料，学生应在毕业主要设计工作基本完成后毕业答辩前2～3周在老师的指导下开始书写毕业论文，论文主要包括中英文摘要、前言、相关技术介绍、系统需求分析与系统设计、系统实现、系统的测试与验证、结论、致谢和附录等章节，具体格式参见附录B.4节。论文初稿完成后，应先给指导教师评阅，并提出修改意见，指导教师审核通过后在论文评阅表（具体格式参见附录B.5节）的“指导教师综合评价”栏中填写评价意见，并将论文和论文评阅表一起提交给答辩小组，由答辩小组的1～2名成员对论文进行评阅，并填写评阅意见，如果论文不合格需要修改，则返回给学生修改，否则提交答辩小组安排答辩。

5. 论文答辩

论文答辩是毕业设计的最后一个重要的环节，学生通过对毕业设计工作进行总结、汇报、展示研究的成果，使自己的能力进一步得到提升。答辩一般由3～4人组成，时间15～30分钟，答辩过程包括学生汇报毕业设计工作、演示研究成果（可选）、老师提问、学生现场回答问题等环节，答辩完成后，答辩小组根据论文质量、答辩情况填写毕业设计成绩评定表（格式参见附录B.6节），对学生的毕业设计给出书面成绩和客观的评价。为了规范毕业设计工作，最终应提交以下毕业设计文档：

- 任务书；
- 开题报告；
- 指导记录表；
- 毕业论文；
- 毕业论文评阅表；
- 毕业设计成绩评定表。

5.7　小结

本章对网络工程专业实践教学体系进行研究与设计，为了加强实践环节的训练，提高学生实践与创新研究的能力，我们设计了包括验证类、操作配置类、设计类在内的覆盖主要专业基础课和专业课的40多个课内实验，以进一步巩固课内知识；为了加强网络工程专业6种专业能力的训练，设计了6个综合课程设计项目，并对如何开展自主创新研究、毕业实训与实习以及毕业设计等环节的实践教学工作进行了研究与探讨。

第6章 国内外大学网络工程或相近专业课程体系解读

6.1 斯坦福大学（Stanford University）

斯坦福大学始建于1891年，位于旧金山以南30英里，现有近7000本科生和近8000研究生，教师1400多人。它蕴育了享誉全球的高技术产业中心——硅谷，著名的IT企业HP、Cisco、Google和SGI等都是由斯坦福大学师生一手创立起来的。1984年后，斯坦福大学连续四年被《美国新闻与世界报道》列为全美最佳综合大学榜首。1994年，设在瑞士日内瓦的国际教师协会根据各大学的学术业绩、科研成就、学生与系的综合实力，评出世界十佳高等学校，斯坦福大学名列榜首。长年以来，创建于1965年的计算机学科在全美排名始终居于前三位。

斯坦福大学拥有独立的计算机科学系，但是并没有设置单独的网络工程专业。通过分析斯坦福大学计算机系的课程设置（斯坦福大学计算机系的课程网站为 http：//cs. stanford. edu/courses/），可以查找到网路工程专业的相关课程。与网络工程专业最直接相关的有12门课程，深入分析课程性质和内涵，可以把这12门课程分成网络基础、网络高级专题、网络新技术等三个类别。

网络基础课程包括计算机网络导论（Introduction to Computer Networking）、无线网络（Wireless Networking）、客户端Internet技术（Client-Side Internet Technologies）、Web应用4门课程。通过课程学习，学生可以掌握网络的基本理论和相关知识，具备网络工程和网络编程的相关技能。具体课程代码和课程网站如表6-1所示。

表 6-1　斯坦福大学计算机系网络基础课程

课程代号	课 程 名 称	网　址
cs142	Web Applications	http://cs142. stanford. edu/
cs144	Introduction to Computer Networking	http://cs144. stanford. edu/
cs193C	Client-Side Internet Technologies	http://cs193C. stanford. edu/
cs244E	Wireless Networking	http://cs244E. stanford. edu/

在网络基础类课程的基础上，对网络互联的原理和协议做深入的剖析，使得学生更加深入的理解网络工程的方法、技能，甚至存在的问题。值得注意的是，“计算机和网络安全”和“网络协议安全分析”两门网络安全课程，各有侧重。“计算机和网络安全”讲述计算机系统和网络中的安全知识和技能，“网络协议安全分析侧重”着重分析网络协议中的安全漏洞，有助于学生使用网络时注意网络中的安全问题，对于设计网络新型安全协议有很大的帮助。具体课程代码和课程网站如表 6-2 所示。

表 6-2　斯坦福大学计算机系网络高级专题课程

课程代号	课 程 名 称	网　址
cs155	Computer and Network Security	http://cs193P. stanford. edu/
cs244	Advanced Topics in Networking	http://cs193P. stanford. edu/
cs259	Security Analysis of Network Protocols	http://cs259. stanford. edu/
cs344E	Advanced Wireless Networks	http://cs344E. stanford. edu/

网络新技术包括 iPhone 和 iPad 应用编程（iPhone and iPad Application Programming）、社会和信息网络分析（Social and Information Network Analysis）、云计算（Cloud Computing）、信息检索和 Web 搜索（Information Retrieval and Web Search）4 门课程。网络新技术课程既包括云计算和社交

网络分析等最新最热门的网络技术，也包括 iPad 编程等实用的网络技术和技能，能充分调动学生的学习积极性，使得他们了解最新的网络技术。不过，开设这样的课程，对于授课教员也提出了很高的要求，但是对学生肯定是充分受益。具体课程代码和课程网站如表 6-3 所示。

表 6-3　斯坦福大学计算机系网络新技术课程

课程代号	课程名称	网　址
cs193P	iPhone and iPad Application Programming	http://cs193P. stanford. edu/
cs224W	Social and Information Network Analysis	http://cs224W. stanford. edu/
cs309A	Cloud Computing	http://cs309A. stanford. edu/
cs276	Information Retrieval and Web Search	http://cs276. stanford. edu/

6.2　麻省理工学院 MIT (Massachusetts Institute of Technology)

麻省理工学院（MIT）是美国培养高级科技人才和管理人才、从事科学与技术教育与研究的一所私立大学。1865 年创建于波士顿，1961 年迁到现在所在的坎布里奇。虽然后来增设了人文、社会科学等系科，但该学院仍保持了其纯技术性质的特色，主要培养工程师和技术人员，其办学方向是把理论科学和应用科学的教育与研究结合起来。MIT 创建之初，只有 15 名学生；经过近 140 年的发展，现已有学生近万名，并且已被世界公认为与牛津、剑桥、哈佛等老牌大学齐名的、以理工科为主的、综合性的世界一流大学。

MIT 依靠其在自然科学、工程学、建筑学、人文科学和社会科学以及管理学等方面的实力，致力于对学生进行科学和技术知识的教育，通过优秀的教育、研究和公共服务，来为社会做贡献。这一使命是通过创建者的远见卓识和后继者们“识时务者为俊杰”的办学理念以及理工与人文融通，博学与专精兼取，教学与实验并重的办学方针来实现的。

MIT已经进入了第二个百年，其总体规划的最重要特点是：进行建制上的改革，即重点发展若干跨学科研究中心。在这项改革过程中，由斯特拉顿院长亲自指导下建立起来的电子研究实验室获得了成功，为建立某些跨系的实验室和研究中心提供了样板。这些跨系的实验室和中心是基于这样一个事实建立起来的：新发现的科学通常总是跨越了传统的学科界限而存在，它们为理科和工科以及基础理论研究与应用的结合创造了条件，并且对二者均有裨益。1966年霍华德·W. 约翰逊任院长时说“学院已经到了我们的社会乐于向它提出许多要求的阶段，即要求我们大量地解决有关教育、生活、地区开发、交通运输、商业和工业、医疗乃至国与国之间和平共处等全国民众共同关注的问题”。

MIT的网络工程相关专业课程包括数据通信网络（Data Communications Networks，课程编号6.263）、计算机网络（Computer Networks，课程编号6.829）、网络和计算机安全（Network and Computer Security，课程编号6.857）、网络优化（Network Optimization，课程编号6.855）、通信控制信号处理导论（Introduction to Communication, Control and Signal Processing、课程编号6.011）、数字通信原理Ⅰ(Principals of Digital Communications Ⅰ、课程编号6.450)、数字通信原理Ⅱ（Principals of Digital Communications Ⅱ、课程编号6.451)、无线通信原理（Principles of Wireless Communication、课程编号6.452)、光纤网络（Optical Networks、课程编号6.442）等。

因为MIT认为计算机（CS）和电子工程（EE）之间关系紧密，因此将两者合而为一，成为EECS系。在其课程设置方面，可以体会到它的特点。其课程中，增加了通信、控制、信号处理方面的课程，增加这些课程后，能使得学生掌握通信、信号处理等基础知识，可以对网络有更加深刻的理解。

6.3　加州大学伯克利分校（UC Berkeley）

加州大学伯克利分校位于旧金山旁，成立于1868年。该校一共培养出25位诺贝尔奖获得者。1995年，在每十年进行一次的美国National Research Council学术水平评估中，伯克利的36个学科中有35个在全国名列前十名，成为拥有数最多的学校之一。据ARWU学术排名来看，伯克利加州大学一直与哈佛大学、斯坦福大学一起屹立于世界前三的位置。伯克利设有许多重要的研究机构，其中有美国能源开发署的三个世界闻名的大型研究中心：劳伦斯伯克利实验研究中心、劳伦斯弗莫尔实验室、阿拉莫斯科学实验室。阿拉莫斯科学实验室是美国研制核武器的重要基地，它对美国第一颗原子弹和第一颗氢弹的研制做出了重要贡献，著名物理学家、美国原子弹之父J. 罗格斯·奥本海默就是这个实验室的杰出科学家。

加州大学伯克利分校计算机专业大体上处于全美前三名，多次排名第一。该校并未设置专门的网络工程专业，而且将计算机科学专业与电子工程专业纳入一个系中，隶属于工学院。

伯克利计算机系学生的培养目标是：培养既适合从事研究工作，也可以到工业界从事技术领导工作的学生。

根据2010年9月最新课程安排，计算机科学的部分课程见表6-4，详细情况请参见网页http：//www-inst. eecs. berkeley. edu/classes-eecs. html#cs。

表6-4　伯克利计算机科学的部分课程

CS161	Computer Security
CS162	Operating Systems and System Programming
CS169	Software Engineering
CS170	Efficient Algorithms and Intractable Problems
CS172	Computability and Complexity

续表

CS262	Advanced Topics in Computer Systems
CS266	Introduction to System Performance Analysis
CS267	Applications of Parallel Computers
CS268	Graduate Computer Networking
CS269	Advanced Topics in Distributed Computing Systems
CS276	Cryptography
EE122	Introduction to Communication Networks
EE120	Signals and Systems
EE121	Introduction to Digital Communication Systems
EE122	Introduction to Communication Networks
EE142	Integrated Circuits for Communication
EE223	Stochastic Systems：Estimation and Control
EE224A	Digital Communication
EE224B	Wireless Communication
EE226A	Random Processes in Systems
EE228A	High Speed Communication Networks
EE228B	Communication Networks
EE229A	Information Theory and Coding
EE229B	Error Control Coding
EE290Q	Signal Processing for Communications
EE290S	Advanced Topics in Communications and Information Theory

“计算机网络”（Computer Networks）课程的教学分为本科和研究生两个层次。本科生的计算机网络主要以网络基础知识的教学为主，研究生的计算机网络则以指导开展计算机网络研究为主。

面向本科生的计算机网络教学（EE122）一年有两次授课，授课内容相同，但授课教授不同。以 2008 年为例，春季的本科生计算机网络课程由电子工程专业教授进行授课，而秋季的则由计算机专业教授进行授课。

对本科生计算机网络课的选课学生要求是已经进修课程 CS 61A、CS 61B 和 Math 53（或 Math 54）以及掌握 C 或者 C++ 相关的知识。课程评分标准如下：

家庭作业	20%
课程项目	40%
期中考试	15%
期末考试	25%

可见，课程项目是作为考察学生是否掌握网络课程的主要考察对象。

与本科生一样，面向研究生的计算机网络教学（CS268）一年也有两次授课，授课形式相同，授课内容则因授课教授不同而异。CS268 课上主要是以讨论网络方向的重要论文为主。通过讨论论文，教授将如何发现问题、解决问题和评价方法传授给学生，并指导学生课程项目。特别的是，学生课程项目的目标通常是一篇具备高水平会议标准的论文；通常由两三个学生组成一个课题小组，每周都单独和授课教授讨论课题进展，最后各组完成一篇论文，并向 Sigcomm、OSDI 等会议投稿。学生课程评分标准如下：

期中考试	10%
期末考试	15%
论文阅读	15%
课程项目	50%
上课参与度	10%

以上列举的仅仅是与网络工程相关的一些课程。不难发现，本科阶段很少开设与网络工程直接相关的课程，而是侧重与计算机系统、程序设计、应用相关的课程。只有研究生有一门计算机网络，其他相关的课程有计算机安全、操作系统编程、计算与计算复杂性、系统性能分析、并行计算机应用、密码学等。

伯克利计算机系本科生除了修满一定的入学条件课程外，还需修满

120 学分。课程编号中 3～99 之间的是低年级专业课程，而 100～200 是高年级专业课程，200 以上为研究生课程。同一门课后面的字母或数字不同代表的是不同的教学层次和目标。

为了更好地满足专业需要，学院给出 5 个可选课程选项。

- 物理电子选项（Physical Electronics），内容包括：集成电路、电子设备、纳米技术、电磁场、微纳加工、光子学和光电子学、微电子机械系统、电子设计自动化、高功率电路，以及在生物医学、微机器人、传感器、传动设备、发电装置、存储设备、保存设备和硅结构中的应用。
- 通信、网络与系统选项（Communication，Networks and Systems），内容包括：网络、控制系统、数字和模拟通信、信息论、信号处理、系统建模设计、校验和优化，以及在机器人、生物医学、无线通信系统、多媒体系统、多传感器融合和机器智能中的应用。
- 计算机系统选项（Computer Systems），内容包括：体系结构和逻辑设计、通信网络、计算机安全、操作系统、数据库系统、编程系统和编程语言、嵌入式软件、数字设备和电路，以及在网络计算、嵌入式系统、计算机游戏和信息系统中的应用。
- 计算机科学选项（Computer Science），内容包括：计算理论、算法设计和分析、复杂性理论、计算机体系结构与逻辑设计、编程语言、编译器、操作系统、科学计算、计算机图形学、数据库系统、人工智能和自然语言处理，以及密码学和计算机安全。
- 一般性研究选项（General Course of Study），面向兴趣更广或对上述方向之外的研究方向感兴趣的学生。

6.4　澳大利亚昆士兰大学（University of Queensland）

1. 课程体系

昆士兰大学（昆大）是澳大利亚昆士兰州的第一所综合型大学，始建于 1910 年，是澳大利亚最大最有声望的大学之一。昆大是被誉为“澳大利亚常青藤名校”的 Group of Eight 联盟（澳洲八大名校联盟）成员之一，同时也是世界 21 大学联盟（Universitas 21，U21）成员之一，其科学研究的经费及学术水平在澳大利亚的大学之中始终位居前三名，在学博士生的人数最多。2009 年 TIMES 最新世界排名 41。

昆士兰大学各个学院内没有划分学系，但是划分了很多组（Group），如 Ubiquitous Computing Group、Biomedical Engineering Group 等。学院只开设与各 Group 从事的研究方向相关的课程。在信息技术学院的十个 Group 中，只有 Ubiquitous Computing Group 与网络工程专业相关。因此，与网络方向相关的课程均由该 Group 中的教授或者 Lecturer 执教。学院所开设的网络课程体系如表 6-5 所示。值得注意的是昆士兰大学为本科三年级学生、四年级学生和硕士均开设了不同的《计算机网络》课程，并且部分课程没有使用教材，完全通过教师的 PPT 课件来授课。

表 6-5　昆士兰大学网络工程专业课程体系表

年级	中文课程名	英文课程名	教　材
一年级	信息访问与互联网技术	Information Access and Internet Skills	PPT
二年级	网络与操作系统原理	Network & Operating System Principles	PPT
三年级	社会与移动网络	Social and Mobile Computing	PPT
三年级	计算机网络 1	Computer Networks 1	Tanenbaum, A. S. . Computer Networks. 4th edition. 2003
四年级或硕士	计算机网络 2	Computer Networks 2	1. Stevens, Fenner and Rudoff. UNIX Network Programming 2. The Sockets Networking API. Volume I. 3rd edition. 2004

续表

年级	中文课程名	英文课程名	教　材
四年级或硕士	高级计算机与网络安全	Advanced Computer and Network Security	PPT
四年级或硕士	分布式计算	Distributed Computing	A. S. Tanenbaum and M. van Steen. Distributed Systems: Principles and Paradigms. 2nd edition. Prentice Hall-2007
硕士	网络信息系统	Web Information Systems	PPT
硕士	网页设计概论	Introduction to Web Design	1. Quick, R.. Web design In Easy Steps. 4th Edition. 2008 2. McGrath, M.. HTML In Easy Steps. 6th Edition. 2008 3. McGrath, M.. PHP 5 In Easy Steps. 6th Edition. 2004 4. McGrath, M.. Java Script In Easy Steps. 3rd Edition. 2009

2. 实践环节

昆士兰大学很重视培养学生的工程实践能力。学生的课程最后得分由作业分以及与考试分组成。作业偏向实践，其形式分为独立作业或者团队作业。作业的内容有三种方式：编写程序实现某个功能（Programming），写一份报告（Report），或者做一次演讲报告（Presentation）。具体如表 6-6 所示。

表 6-6　昆士兰大学网络工程专业课程实践作业表

课程名	作业 1	作业 2	作业 3	作业 4
信息访问与互联网技术 Information Access and Internet Skills	类型:独立作业 权重:20% 描述:使用网络技术搭建一个网站	类型:团队作业 权重:20% 描述:给一个 topic,写一个 report(1000～1500字),体现学生在 Internet 中搜索与本 topic 相关的信息的能力		
网络与操作系统原理 Network & Operating System Principles	类型:programming 权重:25% 描述:用 C 编写一个程序完成一个小作业	类型:debugging 权重:25% 描述:应用 debugging 技能终止一个 Binary Bomb	类型:programming 权重:25% 描述:开发一个应用程序与 UNIX 文件系统或者进程通信	类型:programming 权重:25% 描述:开发一个网络应用,具备进程控制与进程间通信功能
Social and Mobile Computing	类型:reflection 权重:20% 描述:写一个 report 反馈自己使用社会或者移动计算技术的例子	类型:project 权重:40% 描述:开发一个社会/移动应用原型 prototype	类型:participation 权重:15% 描述:参与一个社会/移动计算技术的应用	

续表

课程名	作业 1	作业 2	作业 3	作业 4
计算机网络 1 Computer networks 1	类型:programming 权重:16% 描述:1 设计实现一进程通信系统,要求定义合适的消息格式并调用 UDP 或者 TCP 原子操作	类型:programming 权重:17% 描述:使用 TCP 或者 UDP 原子操作实现一个网络应用	类型: 网络应用实践 权重:7% 描述:需要学生展示如何使用网络诊断和查询工具,展示如何配置 apache 服务器	
计算机网络 2 Computer networks 2	类型:programming 权重:20% 描述:实现一个可靠传输层协议的基本功能	类型:programming 权重:20% 描述:实现一个 peer-to-peer 的应用		
高级计算机与网络安全 Advanced computer and network security	类型:seminar 权重:25% 描述:对所选的一个信息安全 topic 做一个 presentation	类型:seminar participation 权重:10% 描述:根据学生参与 seminar 的积极程度给分	类型:project 权重:25% 描述:独立或者小团队,对一个信息安全领域进行研究,写一份报告 report	

续表

课程名	作业 1	作业 2	作业 3	作业 4
分布式计算 Distributed computing	类型:programming 权重:22% 描述:设计与实现一个分布式应用	类型:programming 权重:13% 描述:设计与实现另一个分布式应用		
网络信息系统 Web information systems	类型:problem solution 权重:25% 描述:对所选的一个信息安全 topic 做一个 presentation	类型:practical 权重:40% 描述:总共 10 个 practical 的作业,每次 lecture 后布置		
网页设计概论 Introduction to web design	类型:practical 权重:10% 描述:每周布置的作业	类型:presentation 权重:10% 描述:团队开发一个 website 前制定网站目标,评估同类型网站,建立站图	类型:project report 权重:15% 描述:设计并建立作业 2 中的网站原型系统	类型:project report 权重:15% 描述:实现并展示第 2 和第 3 个作业中描述的网站

这些课程中，实践与考试所在比例不尽相同，具体统计信息如表 6-7 所示。《网络与操作系统原理》课实践所占实践比例最高，为 100%。实践比例最低的为 35%，为计算机网络 1（本科三年级教程）。而平均来说，实践所占比例为 56%。因此，在昆士兰大学网络工程专业中，实践的重要性可见一斑。

表 6-7 实践所占比例与考试所占比例信息

课 程 名	实践比例	考试比例
信息访问与英特网技术 Information Access and Internet Skills	40%	60%
网络与操作系统原理 Network & Operating System Principles	100%	0
Social and Mobile Computing	75%	25%
计算机网络 1 Computer networks 1	40%	60%
计算机网络 2 Computer networks 2	40%	60%
高级计算机与网络安全 Advanced computer and network security	60%	40%
分布式计算 Distributed computing	35%	65%
网络信息系统 Web information systems	65%	35%
网页设计概论 Introduction to web design	50%	50%

3. 课程知识点

昆士兰大学网络工程方向各课程知识点见表6-8。

表6-8 昆士兰大学网络工程方向各课程知识点

课 程 名	知 识 点
信息访问与英特网技术 Information Access and Internet Skills	• 掌握为不同种类信息找到合适的媒介 • 理解网络底层设备的仲裁作用 • 辨别网络信息源质量的能力 • 理解如何发布信息 • 理解数据以及元数据(数据的描述)的以及他们的区别 • 能够建立网站网页进行信息发布
网络与操作系统原理 Network & Operating System Principles	• 会使用的UNIX内核和UNIX内核实用命令;应该熟悉UNIX文件系统保护的概念和其他与UNIX相关的概念 • 写简单的UNIX的Shell脚本 • 撰写,编译,运行和调试UNIX环境的C程序,包括“系统级”的编程 • 理解操作系统功能和与操作系统相关的术语 • 理解文件系统工作原理以及文件输入/输出过程,包括缓冲 • 编写程序来获取和浏览文件系统,并执行文档的输入和输出 • 理解虚拟内存工作原理 • 了解工程动态内存分配 • 理解进程和线程的概念,以及操作系统如何管理进程和线程 • 写C程序的初始化和控制的进程和线程 • 了解进程间通信的多种方式,并能指出如何选择一个合适的方法进行进程间通信 • 理解计算机网络术语和拓扑结构,功能和体系结构 • 理解IP、UDP和TCP协议 • 理解套接字API的网络编程,并能写socket程序 • 理解各种应用层协议如SMTP和HTTP

续表

课 程 名	知 识 点
Social and Mobile Computing	• 能够描述一些社会网络和移动技术应用的现象和问题 • 能够将课程学到的知识理论应用到社会网络与移动应用技术的原型的开发设计中 • 能描述社会网络与移动技术方面某些流行应用技术的目前的进展 • 能描述社会网络与移动计算技术课程用到的一些与其他课程相同的理论和方法 • 能阐述将社会网络应用从实验室带入社会给人们带来的社会及技术影响
计算机网络 1 Computer Networks 1	• 能描述社会网络与移动计算技术课程用到的一些与其他课程相同的理论和方法 • 能阐述将社会网络应用从实验室带入社会给人们带来的社会及技术影响 • 理解计算机网络拓扑结构,功能及体系结构 • 能描述 OSI 模型和互联网参考模型各层通信协议的功能以及和设计规范 • 理解互联设备的功能以及差异,包括 repeater,hub,bridge,switch 以及 router • 能描述多媒体应用以及 QoS 要求,且能描述 IntServ,DiffServ 以及 QoS 的 MPLS 模型的差异 • 能描述网络安全威胁以及对策 • 能设计简单的通信协议并能设计实现简单的网络应用 • 理解进程间通信的信息传递以及 RPC 规范,能够在网络应用中选择正确的进程间通信方式
计算机网络 2 Computer Networks 2	• 能够在 UNIX 平台使用 C 实现网络应用 • 理解网络管理概念及规范,包括 SNMP • 理解基本网络安全概念及规范 • 会使用排队理论 • 理解并应用 P2P 计算概念及规范 • 培养团队协作能力,即培养如何与团队交流与协作的能力 • 能独立分析网络故障,并提出解决方案

续表

课 程 名	知 识 点
高级计算机与网络安全 Advanced Computer and Network Security	• 理解并应用安全概念,算法及协议 • 理解并能评估关键管理系统及协议,如 Kerberos • 理解移动自组织网络关键安全问题以及相关的解决方案 • 能独立的分析并总结信息安全领域最新研究进展 • 为分布式计算某个应用设计并实现某个安全问题的解决方案
分布式计算 Distributed Computing	• 理解中间件在分布式系统中的作用 • 理解分布式系统各种类型的透明性 • 理解分布式系统的进程间通信问题,能解释哪些通信语义已经部署在目前的分布式系统中 • 理解分布式系统中的进程模型 • 理解分布式系统的命名模式 • 能理解分布式系统中进程同步方法并评估对不同的应用的适用性 • 理解一致性与重复性方法的差异 • 描述分布式系统容错性模型 • 描绘分布式文件系统以及万维网数据分发,复制以及缓存机制 • 描绘协同式系统所使用的各种方案 • 描述现有将分布式系统应用于现有平台(CORBA, .NET,Webservier,publish-subscribe 系统)的所有方案 • 设计并实现分布式应用 • 描述情境感知系统体系结构,设计并实现简单的情境感知应用程序
网络信息系统 Web Information Wystems	• 从对问题的描述开始,用代数和微分方程建立简单的数学模型分析物理系统 • 选择一个合适的数值方法对数学模型中某个重要参数进行定量分析 • 用编程语言实现数值方法并获得参数估计 • 能解释结果并评估数学模型

4. 能力倾向性

在学生能力培养方面，首先注重知识的掌握程度，在团队协作以及做演讲报告（Presentation）中促进提高学生的交流能力，写报告（Report）能培养学生客观评价别人方法以及创新的能力；另外，也注重培养学生的学术道德以及社会道德伦理，如表6-9所示。

表6-9　昆士兰大学网络工程专业课程能力培养倾向性表

能力培养	详细解释
A对本领域知识掌握深入掌握	A1. 需广泛并深入了解本领域知识
	A2. 需理解其他课程是如何与该课程相关的
	A3. 对本领域知识需要有国际视野
B有效交流	B1. 收集，分析及组织信息与方法的能力，以及能将这些信息与方法以清晰及流利的方式书面及口头表达的能力
	B2. 能够与其他人合作协调以达成目标一致的能力
	B3. 选择合适的交流方式的能力
	B4. 有效使用信息与通信技术或工具的能力
C独立性以及创造性	C1. 独立工作与思考能力
	C2. 思考以及能根据环境变化而提出创新思维的能力
	C3. 发现问题，提出解决方案的能力以及创造性的改进现有方法的能力
D客观的判断能力	D1. 定义与分析问题的能力
	D2. 独立地进行客观推理及客观判断能力
	D3. 客观地评估各种方案的能力
E对道德伦理及社会的理解	E1. 对社会责任及伦理的理解
	E2. 对课程的哲学及社会背景了解的能力
	E3. 了解该领域的道德标准
	E4. 了解其他文化或者时代的知识以及对文化多样性的理解

6.5 澳大利亚国立大学（Australia National University）

1. 课程体系

澳大利亚国立大学于 1946 年由澳大利亚联邦政府创建，坐落在澳大利亚首都堪培拉，四周被国家自然保护区、伯利·格里芬湖和市中心区怀抱。该校连续数年在澳洲大学排名榜上夺魁。它的光学研究中心，凭借着光纤通讯方面的研究成果，曾荣获马科尼国际奖；雷达与核物理的领头人奥利芬、青霉素发现者之一的弗洛里、杰出的历史学家汉考克、经济学家库姆斯，以及新一代众多知名学者让它熠熠生辉。

澳大利亚国立大学网络工程专业课程设置如表 6-10 所示，它所开设的课程不多，而且除了“计算机网络”课程有规定教材之外，其他教材均为老师上课用的演示文档。澳大利亚国立大学与昆士兰大学的本科三年级均开设“计算机网络”，教材也基本一致，只是国立大学有两本教材，其中包括《TCP/IP 详解》（卷一）。国立大学硕士阶段不设“计算机网络”，而昆士兰大学硕士生也开设“计算机网络”，教材与本科三年级的不同，见表 6-11 所示。

表 6-10　澳洲大学国立大学网络工程专业课程体系表

年级	中文课程名	英文课程名	教　材
一年级	多媒体工具与网络	Tools for New Media & the Web	PPT
二年级	并行与分布式系统	Concurrent and Distributed System	PPT
三年级	计算机网络	Computer Networks	1. Tanenbaum, A. S. Computer Networks. 4th edition. 2003 2. Stevens, W. Richard. TCP/IP Illustrated, Volume 1. Addison Wesley, 1994

续表

年级	中文课程名	英文课程名	教　　材
四年级	通讯网络	Telecommunication Networks	PPT
四年级	无线网络	Wireless Communications	PPT
硕士	并行与分布式系统(硕士)	Concurrent and Distributed System	PPT

表 6-11　昆士兰大学与澳大利亚国立大学 "计算机网络" 课程对比

	昆士兰大学"计算机网络"教材	澳大利亚国立大学"计算机网络"教材
三年级	1. Tanenbaum, A. S. Computer Networks. 4th edition. 2003	1. Tanenbaum, A. S. Computer Networks. 4th edition. 2003 2. Stevens, W. Richard. TCP/IP Illustrated, Volume 1, Addison Wesley, 1994
硕士	1. Stevens, Fenner and Rudoff. UNIX Network Programming 2. The Sockets Networking API, VolumeI. 3rd edition. 2004.	未开设

2. 实践环节

澳大利亚国立大学课程实践比例信息如表 6-12 所示。实践比例最大为 60%，最小为 30%，平均值为 36%，较昆士兰大学的平均值 56%来说，比重小很多。另外，国立大学与昆士兰大学不同之处在于国立大学某些课程还增加了随堂小测验，比重较小。因此国立大学更加重视期末考试。

表 6-12　澳大利亚国立大学网络工程专业实践与考试比例信息表

课程名	实践比例	小测验	考试比例
计算机网络 Computer Networks	30%	5%	65%
通讯网络 Telccommunication Networks	42%	8%	50%
无线网络 Wireless Communications	25%	5%	70%
多媒体工具与网络 Tools for New Media & the Web	60%		40%
并行与分布式系统 Concurrent and Distributed System	30%		70%
并行与分布式系统(硕士课程) Concurrent and Distributed System	30%		70%

3. 课程知识点

澳大利亚国立大学网络工程方向各课程知识点见表 6-13。

表 6-13　澳大利亚国立大学网络工程方向各课程知识点

课　程　名	知　识　点
计算机网络 Computer networks	• 描述抽象跨层协议模型结构 • 描述数据链路层,网络层,传输层功能及差异 • 在模拟器环境中设计并实现一个数据链路层或者网络层协议 • 通过一些协议标准以及其他文档能描述特定某些特定协议的技术以及管理规范 • 应用某些原理和规范提高物理层,数据链路层,网络层协议性能

续表

课 程 名	知 识 点
通讯网络 Telecommunication Networks	• 掌握网络通信原理 • 了解网络不同的拓扑结构 • 掌握交换网络体系结构及协议 • 掌握多路复用技术 • 掌握基本的排队策略 • 了解网络管理技术 • 掌握 ISDN 和 ATM 体系结构 • 掌握通信规范和标准
无线网络 Wireless Communications	• 了解信号衰减 Rayleigh fading; • 掌握多径模型(Rician 和 Nakagami 模型) • 掌握 Huffman 编码技术 • 了解卫星移动系统技术 • 了解宽带与超宽带技术
多媒体工具与网络 Tools for New Media & the Web	• 描述多媒体的特征以及多媒体对象 • 多媒体系统组件,Web authoring 以及多媒体分发工具 • 多媒体应用以及多媒体的社会效应 • 会使用 XHTML, CSS, JavaScript, animation, sound,video and 3D 来创建多媒体应用
并行与分布式系统 Concurrent and Distributed System	• 掌握操作系统体系结构 • 掌握进程管理 • 理解系统内进程,设备以及处理器之间的交互 • 掌握并发线程编程 • 掌握信号管理机制 • 掌握进程间通信
并行与分布式系统(硕士课程) Concrrent and Distributed System	• 了解操作系统体系结构 operating system structure • 描述进程管理策略 process management • 描述系统组件间的交互(组件包括线程,设备以及处理器) • 会使用并发编程 • 了解信号管理机制 • 描述进程间通信规范 • 描述分布式系统体系结构的容错性以及数据持久性

4. 能力倾向性

澳大利亚国立大学与昆士兰大学在对学生的能力培养方面的目标基本上是一致的，见表 6-14 所示。

表 6-14　澳大利亚国立大学与昆士兰大学学生能力培养倾向性对比表

澳大利亚国立大学	昆士兰大学
有将该领域与其他学科联系的能力 对本专业知识的广泛深入的理解	A1. 需广泛并深入了解本领域知识
	A2. 需理解其他课程是如何与该课程相关的
	A3. 对本领域知识需要有国际视野
良好的书面及口头表达的能力 能使用计算机技能及有与本专业相关的方法论	B1. 收集，分析及组织信息与方法的能力，以及能将这些信息与方法以清晰及流利的方式书面及口头表达的能力
	B2. 能够与其他人合作协调以达成目标一致的能力
	B3. 选择合适的交流方式的能力
	B4. 有效使用信息与通信技术或工具的能力
独立思考以及分析并解决问题的能力	C1. 独立工作与思考能力
	C2. 思考以及能根据环境变化而提出创新思维的能力
	C3. 发现问题，提出解决方案的能力以及创造性的改进现有方法的能力
客观评价其他人的研究结果的能力	D1. 定义与分析问题的能力
	D2. 独立地进行客观推理及客观判断能力
	D3. 客观地评估各种方案的能力
要有价差学科思维及学术道德的考虑	E1. 对社会责任及伦理的理解
	E2. 对课程的哲学及社会背景了解的能力
	E3. 了解该领域的道德标准
	E4. 了解其他文化或者时代的知识以及对文化多样性的理解

附录A　Computing Curricula：计算机科学与技术专业知识体系摘要

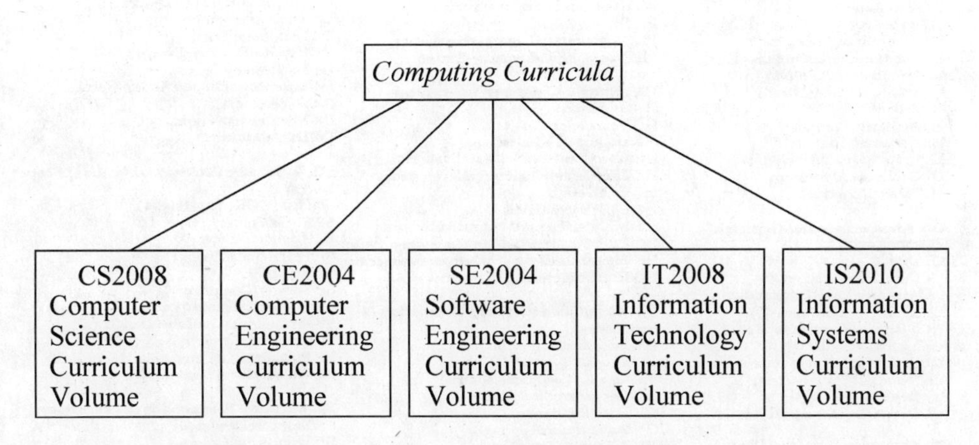

图 A-1　Structure of the Computing Curricula Series

A.1 Overview of The Computer Science Body of Knowledge

DS. Discrete Structures (43 core hours)
DS/FunctionsRelationsAndSets (6)
DS/BasicLogic (10)
DS/ProofTechniques (12)
DS/BasicsOfCounting (5)
DS/GraphsAndTrees (4)
DS/DiscreteProbability (6)

PF. Programming Fundamentals (33 core hours)
PF/FundamentalConstructs (9)
PF/AlgorithmicProblemSolving (6)
PF/DataStructures (10)
PF/Recursion (4)
PF/EventDrivenProgramming (4)
PF/ObjectOriented (8)
PF/FoundationsInformationSecurity (2)
PF/SecureProgramming (4)

AL. Algorithms and Complexity (31 core hours)
AL/BasicAnalysis (4)
AL/AlgorithmicStrategies (6)
AL/FundamentalAlgorithms (12)
AL/DistributedAlgorithms (3)
AL/BasicComputability (6)
AL/PversusNP
AL/AutomataTheory
AL/AdvancedAnalysis
AL/CryptographicAlgorithms
AL/GeometricAlgorithms
AL/ParallelAlgorithms

AR. Architecture and Organization (36 core hours)
AR/DigitalLogic (7)
AR/DataRepresentation (9)
AR/AssemblyLevelOrganization (3)
AR/MemoryArchitecture (5)
AR/FunctionalOrganization (6)
AR/Multiprocessing (6)
AR/PerformanceEnhancements
AR/DistributedArchitectures
AR/Devices
AR/DirectionsInComputing

OS. Operating Systems (18 core hours)
OS/OverviewOfOperatingSystems (2)
OS/OperatingSystemPrinciples (2)
OS/Concurrency (6)
OS/Scheduling and dispatch (3)
OS/MemoryManagement (5)
OS/DeviceManagement
OS/SecurityAndProtection
OS/FileSystems
OS/RealTimeAndEmbeddedSystems
OS/FaultTolerance
OS/SystemPerformanceEvaluation
OS/Scripting
OS/DigitalForensics
OS/SecurityModels

NC. Net-Centric Computing (18 core hours)
NC/Introduction(2)
NC/NetworkCommunication (7)
NC/NetworkSecurity (6)
NC/WebOrganization
NC/NetworkedApplications
NC/NetworkManagement
NC/Compression
NC/MultimediaTechnologies
NC/MobileComputing

PL. Programming Languages (21 core hours)
PL/Overview(2)
PL/VirtualMachines(1)
PL/BasicLanguageTranslation(2)
PL/DeclarationsAndTypes(3)
PL/AbstractionMechanisms(3)
PL/ObjectOrientedProgramming(10)
PL/FunctionalProgramming
PL/LanguageTranslationSystems
PL/TypeSystems
PL/ProgrammingLanguageSemantics
PL/ProgrammingLanguageDesign

HC. Human-Computer Interaction (8 core hours)
HC/Foundations (6)
HC/BuildingGUIInterfaces (2)
HC/UserCcenteredSoftwareEvaluation
HC/UserCenteredSoftwareDevelopment
HC/GUIDesign
HC/GUIProgramming
HC/MultimediaAndMultimodalSystems
HC/CollaborationAndCommunication
HC/InteractionDesignForNewEnvironments
HC/HumanFactorsAndSecurity

GV. Graphics and Visual Computing (3 core hours)
GV/FundamentalTechniques (2)
GV/GraphicSystems (1)
GV/GraphicCommunication
GV/GeometricModeling
GV/BasicRendering
GV/AdvancedRendering
GV/AdvancedTechniques
GV/ComputerAnimation
GV/Visualization
GV/VirtualReality
GV/ComputerVision
GV/ComputationalGeometry
GV/GameEngineProgramming

IS. Intelligent Systems (10 core hours)
IS/FundamentalIssues (1)
IS/BasicSearchStrategies (5)
IS/KnowledgeBasedReasoning (4)
IS/AdvancedSearch
IS/AdvancedReasoning
IS/Agents
IS/NaturaLanguageProcessing
IS/MachineLearning
IS/PlanningSystems
IS/Robotics
IS/Perception

IM. Information Management (11 core hours)
IM/InformationModels (4)
IM/DatabaseSystems (3)
IM/DataModeling (4)
IM/Indexing
IM/RelationalDatabases
IM/QueryLanguages
IM/RelationalDatabaseDesign
IM/TransactionProcessing
IM/DistributedDatabases
IM/PhysicalDatabaseDesign
IM/DataMining
IM/InformationStorageAndRetrieval
IM/Hypermedia
IM/MultimediaSystems
IM/DigitalLibraries

SP. Social and Professional Issues (16 core hours)
SP/HistoryOfComputing (1)
SP/SocialContext (3)
SP/AnalyticalTools (2)
SP/ProfessionalEthics (3)
SP/Risks (2)
SP/SecurityOperations
SP/IntellectualProperty (3)
SP/PrivacyAndCivilLiberties (2)
SP/ComputerCrime
SP/EconomicsOfComputing
SP/PhilosophicalFrameworks

SE. Software Engineering (31 core hours)
SE/SoftwareDesign (8)
SE/UsingAPIs (5)
SE/ToolsAndEnvironments (3)
SE/SoftwareProcesses (2)
SE/RequirementsSpecifications (4)
SE/SoftwareValidation (3)
SE/SoftwareEvolution (3)
SE/SoftwareProjectManagement (3)
SE/ComponentBasedComputing
SE/FormalMethods
SE/SoftwareReliability
SE/SpecializedSystems
SE/RiskAssessment

CN. Computational Science (no core hours)
CN/ModelingAndSimulation
CN/OperationsResearch
CN/ParallelComputation

A.2 Overview of The Computer Engineering Body of Knowledge

CE-ALG Algorithms [30 core hours]
- CE-ALG0 History and overview [1]
- CE-ALG1 Basic algorithmic analysis [4] *
- CE-ALG2 Algorithmic strategies [8] *
- CE-ALG3 Computing algorithms [12] *
- CE-ALG4 Distributed algorithms [3] *
- CE-ALG5 Algorithmic complexity [2] *
- CE-ALG6 Basic computability theory *

CE-CSE Computer Systems Engineering [18 core hours]
- CE-CSE0 History and overview [1]
- CE-CSE1 Life cycle [2]
- CE-CSE2 Requirements analysis and elicitation [2]
- CE-CSE3 Specification [2]
- CE-CSE4 Architectural design [3]
- CE-CSE5 Testing [2]
- CE-CSE6 Maintenance [2]
- CE-CSE7 Project management [2]
- CE-CSE8 Concurrent (hardware/software) design [2]
- CE-CSE9 Implementation
- CE-CSE10 Specialized systems
- CE-CSE11 Reliability and fault tolerance

CE-DBS Database Systems [5 core hours]
- CE-DBS0 History and overview [1]
- CE-DBS1 Database systems [2] *
- CE-DBS2 Data modeling [2] *
- CE-DBS3 Relational databases *
- CE-DBS4 Database query languages *
- CE-DBS5 Relational database design *
- CE-DBS6 Transaction processing *
- CE-DBS7 Distributed databases *
- CE-DBS8 Physical database design *

CE-DSP Digital Signal Processing [17 core hours]
- CE-DSP0 History and overview [1]
- CE-DSP1 Theories and concepts [3]
- CE-DSP2 Digital spectra analysis [1]
- CE-DSP3 Discrete Fourier transform [7]
- CE-DSP4 Sampling [2]
- CE-DSP5 Transforms [2]
- CE-DSP6 Digital filters [1]
- CE-DSP7 Discrete time signals
- CE-DSP8 Window functions
- CE-DSP9 Convolution
- CE-DSP10 Audio processing
- CE-DSP11 Image processing

CE-ESY Embedded Systems [20 core hours]
- CE-ESY0 History and overview [1]
- CE-ESY1 Embedded microcontrollers 6]
- CE-ESY2 Embedded programs [3]
- CE-ESY3 Real-time operating systems [3]
- CE-ESY4 Low-power computing [2]
- CE-ESY5 Reliable system design [2]
- CE-ESY6 Design methodologies [3]
- CE-ESY7 Tool support
- CE-ESY8 Embedded multiprocessors
- CE-ESY9 Networked embedded systems
- CE-ESY10 Interfacing and mixed-signal systems

CE-CAO Computer Architecture and Organization [63 core hours]
- CE-CAO0 History and overview [1]
- CE-CAO1 Fundamentals of computer architecture [10]
- CE-CAO2 Computer arithmetic [3]
- CE-CAO3 Memory system organization and architecture [8]
- CE-CAO4 Interfacing and communication [10]
- CE-CAO5 Device subsystems [5]
- CE-CAO6 Processor systems design [10]
- CE-CAO7 Organization of the CPU [10]
- CE-CAO8 Performance [3]
- CE-CAO9 Distributed system models [3]
- CE-CAO10 Performance enhancements

CE-CSG Circuits and Signals [43 core hours]
- CE-CSG0 History and overview [1]
- CE-CSG1 Electrical Quantities [3]
- CE-CSG2 Resistive Circuits and Networks [9]
- CE-CSG3 Reactive Circuits and Networks [12]
- CE-CSG4 Frequency Response [9]
- CE-CSG5 Sinusoidal Analysis [6]
- CE-CSG6 Convolution [3]
- CE-CSG7 Fourier Analysis
- CE-CSG8 Filters
- CE-CSG9 Laplace Transforms

CE-DIG Digital Logic [57 core hours]
CE-DIG0 History and overview [1]
CE-DIG1 Switching theory [6]
CE-DIG2 Combinational logic circuits [4]
CE-DIG3 Modular design of combinational circuits [6]
CE-DIG4 Memory elements [3]
CE-DIG5 Sequential logic circuits [10]
CE-DIG6 Digital systems design [12]
CE-DIG7 Modeling and simulation [5]
CE-DIG8 Formal verification [5]
CE-DIG9 Fault models and testing [5]
CE-DIG10 Design for testability

CE-ELE Electronics [40 core hours]
CE-ELE0 History and overview [1]
CE-ELE1 Electronic properties of materials [3]
CE-ELE2 Diodes and diode circuits [5]
CE-ELE3 MOS transistors and biasing [3]
CE-ELE4 MOS logic families [7]
CE-ELE5 Bipolar transistors and logic families [4]
CE-ELE6 Design parameters and issues [4]
CE-ELE7 Storage elements [3]
CE-ELE8 Interfacing logic families and standard buses [3]
CE-ELE9 Operational amplifiers [4]
CE-ELE10 Circuit modeling and simulation [3]
CE-ELE11 Data conversion circuits
CE-ELE12 Electronic voltage and current sources
CE-ELE13 Amplifier design
CE-ELE14 Integrated circuit building blocks

CE-NWK Computer Networks [21 core hours]
CE-NWK0 History and overview [1]
CE-NWK1 Communications network architecture [3]
CE-NWK2 Communications network protocols [4]
CE-NWK3 Local and wide area networks [4]
CE-NWK4 Client-server computing [3]
CE-NWK5 Data security and integrity [4]
CE-NWK6 Wireless and mobile computing [2]
CE-NWK7 Performance evaluation
CE-NWK8 Data communications
CE-NWK9 Network management
CE-NWK10 Compression and decompression

CE-PRF Programming Fundamentals [39 core hours]
CE-PRF0 History and overview [1]
CE-PRF1 Programming Paradigms [5] *
CE-PRF2 Programming constructs [7] *
CE-PRF3 Algorithms and problem-solving [8] *
CE-PRF4 Data structures [13] *
CE-PRF5 Recursion [5] *
CE-PRF6 Object-oriented programming *
CE-PRF7 Event-driven and concurrent programming *
CE-PRF8 Using APIs *

CE-SWE Software Engineering [13 core hours]
CE-SWE0 History and overview [1]
CE-SWE1 Software processes [2] *
CE-SWE2 Software requirements and specifications [2] *
CE-SWE3 Software design [2] *
CE-SWE4 Software testing and validation [2] *
CE-SWE5 Software evolution [2] *
CE-SWE6 Software tools and environments [2] *
CE-SWE7 Language translation *
CE-SWE8 Software project management *
CE-SWE9 Software fault tolerance *

CE-DSC Discrete Structures [33 core hours]
CE-DSC0 History and overview [1]
CE-DSC1 Functions, relations, and sets [6] *
CE-DSC2 Basic logic [10] *
CE-DSC3 Proof techniques [6] *
CE-DSC4 Basics of counting [4] *
CE-DSC5 Graphs and trees [4] *
CE-DSC6 Recursion [2] *

CE-PRS Probability and Statistics [33 core hours]
CE-PRS0 History and overview [1]
CE-PRS1 Discrete probability [6]
CE-PRS2 Continuous probability [6]
CE-PRS3 Expectation [4]
CE-PRS4 Stochastic Processes [6]
CE-PRS5 Sampling distributions [4]
CE-PRS6 Estimation [4]
CE-PRS7 Hypothesis tests [2]
CE-PRS8 Correlation and regression

CE-HCI Human-Computer Interaction [8 core hours]
CE-HCI0 History and overview [1]
CE-HCI1 Foundations of human-computer interaction [2] *
CE-HCI2 Graphical user interface [2] *
CE-HCI3 I/O technologies [1] *
CE-HCI4 Intelligent systems [2] *
CE-HCI5 Human-centered software evaluation *
CE-HCI6 Human-centered software development *
CE-HCI7 Interactive graphical user-interface design *
CE-HCI8 Graphical user-interface programming *
CE-HCI9 Graphics and visualization *
CE-HCI10 Multimedia systems *

CE-OPS Operating Systems [20 core hours]

CE-OPS0 History and overview [1]
CE-OPS1 Design principles [5] *
CE-OPS2 Concurrency [6] *
CE-OPS3 Scheduling and dispatch [3] *
CE-OPS4 Memory management [5] *
CE-OPS5 Device management *
CE-OPS6 Security and protection *
CE-OPS7 File systems *
CE-OPS8 System performance evaluation *

CE-SPR Social and Professional Issues [16 core hours]

CE-SPR0 History and overview [1]
CE-SPR1 Public policy [2] *
CE-SPR2 Methods and tools of analysis [2] *
CE-SPR3 Professional and ethical responsibilities [2] *
CE-SPR4 Risks and liabilities [2] *
CE-SPR5 Intellectual property [2] *
CE-SPR6 Privacy and civil liberties [2] *
CE-SPR7 Computer crime [1] *
CE-SPR8 Economic issues in computing [2] *
CE-SPR9 Philosophical frameworks *

CE-VLS VLSI Design and Fabrication [10 core hours]

CE-VLS0 History and overview [1]
CE-VLS1 Electronic properties of materials [2]
CE-VLS2 Function of the basic inverter structure [3]
CE-VLS3 Combinational logic structures [1]
CE-VLS4 Sequential logic structures [1]
CE-VLS5 Semiconductor memories and array structures [2]
CE-VLS6 Chip input/output circuits
CE-VLS7 Processing and layout
CE-VLS8 Circuit characterization and performance
CE-VLS9 Alternative circuit structures/low power design
CE-VLS10 Semi-custom design technologies
CE-VLS11 ASIC design methodology

A.3 Overview of The Software Engineering Body of Knowledge

CMP Computing Essentials 172 hrs

CMP. cf Computer Science foundations 140
CMP. ct Construction technologies 20
CMP. tl Construction tools 4
CMP. fm Formal construction methods 8
VAV. par Problem analysis and rcporting 4

FND Mathematical & Engineering Fundamentals 89

FND. mf Mathematical foundations 56
FND. ef Engineering foundations for software 23
FND. ec Engineering economics for software 10

PRF Professional Practice 35

PRF. psy Group dynamics / psychology 5
PRF. com Communications skills (specific to SE) 10
PRF. pr Professionalism 20

MAA Software Modeling & Analysis 53

MAA. md Modeling foundations 19
MAA. tm Types of models 12
MAA. af Analysis fundamentals 6
MAA. rfd Requirements fundamentals 3
MAA. er Eliciting requirements 4
MAA. rsd Requirements specification & documentation 6
MAA. rv Requirements validation 3

DES Software Design 45

DES. con Design concepts 3
DES. str Design strategies 6
DES. ar Architectural design 9
DES. hci Human computer interface design 12
DES. dd Detailed design 12
DES. ste Design support tools and evaluation 3

VAV Software Verification and Validation 42

VAV. fnd V&V terminology and foundations 5
VAV. rev Reviews 6
VAV. tst Testing 21
VAV. hct Human computer UI testing and evaluation 6

EVL Software Evolution 10

EVO. pro Evolution processes 6
EVO. ac Evolution activities 4

PRO Software Process 13

PRO. con Process concepts 3
PRO. imp Process implementation 10

QUA Software Quality 16

QUA. cc Software quality concepts and culture 2
QUA. std Software quality standards 2
QUA. pro Software quality processes 4
QUA. pca Process assurance 4
QUA. pda Product assurance 4

MGT Software Management 19

MGT. con Management concepts 2
MGT. pp Project planning 6
MGT. per Project personnel and organization 2
MGT. ctl Project control 4
MGT. cm Software configuration management 5

A.4 Overview of The Information Technology Body of Knowledge

ITF. Information Technology Fundamentals (25 core hours)
ITF. Pervasive Themes in IT (17)
ITF. History of Information Technology (3)
ITF. IT and Its Related and Informing Disciplines (3)
ITF. Application Domains (2)

HCI. Human Computer Interaction (20 core hours)
HCI. Human Factors (6)
HCI. HCI Aspects of Application Domains (3)
HCI. Human-Centered Evaluation (3)
HCI. Developing Effective Interfaces (3)
HCI. Accessibility (2)
HCI. Emerging Technologies (2)
HCI. Human-Centered Software Development (1)

IAS. Information Assurance and Security (23 core hours)
IAS. Fundamental Aspects (3)
IAS. Security Mechanisms (Countermeasures) (5)
IAS. Operational Issues (3)
IAS. Policy (3)
IAS. Attacks (2)
IAS. Security Domains (2)
IAS. Forensics (1)
IAS. Information States (1)
IAS. Security Services (1)
IAS. Threat Analysis Model (1)
IAS. Vulnerabilities (1)

IM. Information Management (34 core hours)
IM. IM Concepts and Fundamentals (8)
IM. Database Query Languages (9)
IM. Data Organization Architecture (7)
IM. Data Modeling (6)
IM. Managing the Database Environment (3)
IM. Special-Purpose Databases (1)

IPT. Integrative Programming & Technologies (23 core hrs)
IPT. Inter systems Communications (5)
IPT. Data Mapping and Exchange (4)
IPT. Integrative Coding (4)
IPT. Scripting Techniques (4)
IPT. Software Security Practices (4)
IPT. Miscellaneous Issues (1)
IPT. Overview of Programming Languages (1)

MS. Math and Statistics for IT (38 core hours)
MS. Basic Logic (10)
MS. Discrete Probability (6)
MS. Functions, Relations and Sets (6)
MS. Hypothesis Testing (5)
MS. Sampling and Descriptive Statistics (5)
MS. Graphs and Trees (4)
MS. Application of Math & Statistics to IT (2)

NET. Networking (22 core hours)
NET. Foundations of Networking (3)
NET. Routing and Switching (8)
NET. Physical Layer (6)
NET. Security (2)
NET. Network Management (2)
NET. Application Areas (1)

PF. Programming Fundamentals (38 core hours)
PF. Fundamental Data Structures (10)
PF. Fundamental Programming Constructs (10)
PF. Object-Oriented Programming (9)
PF. Algorithms and Problem-Solving (6)
PF. Event-Driven Programming (3)

PT. Platform Technologies (14 core hours)
PT. Operating Systems (10)
PT. Architecture and Organization (3)
PT. Computing infrastructures (1)
PT. Enterprise Deployment Software
PT. Firmware
PT. Hardware

SA. System Administration and Maintenance (11 core hours)
SA. Operating Systems (4)
SA. Applications (3)
SA. Administrative Activities (2)
SA. Administrative Domains (2)

SIA. System Integration and Architecture (21 core hours)
SIA. Requirements (6)
SIA. Acquisition and Sourcing (4)
SIA. Integration and Deployment (3)
SIA. Project Management (3)
SIA. Testing and Quality Assurance (3)
SIA. Organizational Context (1)
SIA. Architecture (1)

SP. Social and Professional Issues (21 core hours)

SP. Professional Communications (5)
SP. Teamwork Concepts and Issues (5)
SP. Social Context of Computing (3)
SP. Intellectual Property (2)
SP. Legal Issues in Computing (2)
SP. Organizational Context (2)
SP. Professional and Ethical Issues and Responsibilities (2)
SP. History of Computing (1)
SP. Privacy and Civil Liberties (1)

WS. Web Systems and Technologies (22 core hours)

WS. Web Technologies (10)
WS. Information Architecture (4)
WS. Digital Media (3)
WS. Web Development (3)
WS. Vulnerabilities (2)
WS. Social Software

A.5 The Information System Body of Knowledge

Overview of the Information System Body of Knowledge：

General Computing knowledge Areas (details from CS 2008)	Programming fundamentals Algorithms and complexity Architecture and organization Operating systems Net centric computing Programming languages Graphics and visual computing Intelligent systems
Information Systems specific knowledge Areas	IS management and leadership Data and information management Systems analysis & design IS project management Enterprise architecture User experience Professional issues in information systems
Foundational knowledge Areas	Leadership and communication Individual and organizational knowledge work capabilities
Domain related Knowledge Areas	General models of the domain Key specializations within the domain Evaluation of performance within the domain

Detailed Body of Knowledge of the Information System：

IS management and leadership

Information systems strategy
Information systems management
Information systems sourcing and acquisition strategic alignment
Impact of information systems on organizational structure and processes
Information systems planning
Role of IT in defining and shaping competition
Managing the information systems function
Financing and evaluating the performance of information technology investments and operations
Acquiring information technology resources and capabilities
Using IT governance frameworks
IT risk management
Information systems economics

Data and information management

Basic file processing concepts
Data structures
Data management approaches
Database management systems
Data and information modeling at conceptual and logical level
Physical database implementation
Data retrieval and manipulation with database languages
Data management and transaction processing
Distributed databases
Business intelligence and decision support
Security and privacy
Policies and compliance
Data integrity and quality
Data and database administration

Systems analysis & design

Systems analysis & design philosophies and approaches
Business process design and management
Analysis of business requirements
Analysis and specification of system requirements
Configuration and change management
Different approaches to implementing information systems
High level system design issues
Identification of opportunities for IT enabled organizational change
Realization of IT based opportunities with systems development projects
System deployment and implementation
System verification and validation

IS project management

Project management fundamentals
Managing project teams
Managing project communication
Project initiation and planning
Project execution & control
Project closure
Project quality
Project risk
Project management standards

Enterprise architecture

Enterprise architecture frameworks
Component architectures
Enterprise application service delivery
Systems integration
Content management
Inter organizational architectures
Processes for developing enterprise architecture
Architecture change management
Implementing enterprise architecture
Enterprise architecture and management control

User experience

Usability goals and assessment
Design processes
Design theories and tradeoffs
Interaction styles
Interaction devices
Information search
Information visualization
User documentation and online help
Error reporting and recovery

Professional issues in information systems

Societal context of computing
Legal issues
Ethical issues
Intellectual property
Privacy
IS as a profession

附录B　本科毕业设计文档模板

B.1　毕业设计任务书模板

20xx级
本科毕业设计任务书

课题名称：________________

学生姓名：__________　　学号：__________

所属学院：__________　　专业：网络工程

指导教师：__________　　职称：__________

所属单位：________________

20xx年xx月

毕业设计主要任务与要求：

主要任务与要求：

毕业设计进度安排：

起止时间：________年____月____日至________年____月____日

序号	毕业设计阶段与内容	起止时间	备注
1			
2			
3			
4			
5			
6			
7			
8			

主要参考文献：

指导老师意见：

签名　　　　　　　　　　　　　　　　　　　　　年　　月　　日

教研室（研究室、实验室）意见：

领导签名：　　　　　　　　　　　　　　　　　　年　　月　　日

教务部门意见：

（公　章）

年　　月　　日

注：任务书由指导教师填写，经各级审核后下达给学生，答辩结束后交教务存档。

B.2　开题报告模板

20xx 级

本科毕业设计开题报告

课题名称：______________________

学生姓名：____________　　学号：____________

所属学院：____________　　专业：　网络工程　

指导教师：____________　　职称：____________

所属单位：______________________

20xx 年 xx 月

目　录

一、课题简介 …………………………………………………… 192
1. 课题背景 …………………………………………………… 182
2. 国内外研究现状 ………………………………………… 182
3. 发展趋势 …………………………………………………… 182
二、研究的内容和目标 ……………………………………… 182
三、研究的方法、技术路线及可行性 ……………………… 182
1. 研究方法 …………………………………………………… 182
2. 技术路线及可行性 ……………………………………… 182
四、研究条件 …………………………………………………… 182
1. 研究/实验环境 …………………………………………… 192
2. 已具备的条件 ……………………………………………… 192
3. 可能遇到的问题和解决措施 …………………………… 192
五、研究计划 …………………………………………………… 192
六、参考文献 …………………………………………………… 192

一、 课题简介

1. 课题背景

2. 国内外研究现状

3. 发展趋势

二、 研究的内容和目标

三、 研究的方法、 技术路线及可行性

1. 研究方法

2. 技术路线及可行性

四、 研究条件

1. 研究/实验环境

2. 已具备的条件

3. 可能遇到的问题和解决措施

五、 研究计划

表1 研究进度安排

序号	研究、实验内容	起止时间安排	地点
1			
2			
3			
4			
5			
6			
7			
8			

六、 参考文献

B.3 指导记录表模板

20xx级　本科毕业设计指导记录表

学生姓名		学号		专业	网络工程
课题名称					
指导教师		职称		单位	
序号	日期/学时	指导方式	具体指导内容	老师签名	学生签名
1					
2					
3					
4					
5					
6					
7					
8					
9					
10					
11					
12					
13					
14					

注1：此表由指导教师填写并保管，每次指导后由老师、学生签名，答辩结束后交教务存档。

注2：每周至少指导1次，指导方式可以是现场指导、电话指导或网络指导，指导后及时填写日期和学时。

B.4　毕业论文模板

20xx 级
本 科 毕 业 论 文

课题名称：____________________

学生姓名：__________　　学号：__________

所属学院：__________　　专业：　网络工程

指导教师：__________　　职称：__________

所属单位：____________________

20xx 年 xx 月

目　录

摘　要 …… I

ABSTRACT …… I

第一章　前言 …… 1

第二章　章标题 …… 9

2.1　二级标题 …… 9

2.1.1　三级标题 …… 9

第 x 章　结论 …… 191

致　谢 …… 192

参考文献 …… 193

附　录 …… 194

摘 要

摘要应高度概括论文的主要内容，反映论文的主要信息，具有独立性和完整性。内容一般包括研究目的、方法、成果和结论等。要求用中、英文分别书写，一篇摘要一般为400字左右，英文摘要与中文摘要的内容必须一致。摘要中一般不用图、表、化学结构式、非通用符号和术语。

关键词是为了文献标引工作，从论文中选取出来用以表示全文主题信息的单词或术语。

中英文摘要两页的页码单独编码为“第i页”、“第ii页”。

关键词：关键词1；关键词2；关键词3；关键词4

ABSTRACT

The content of the abstract.

KEY WORDS：key words1，key words2，key words3，key words4

第一章　前　言（黑体三号字体）

前言一般应包括以下内容：①研究工作的目的，要解决的问题及主要观点；②研究工作的背景及已有文献的综述；③研究设想、方法和手段、实验设计、研究工作的界限和规模等；④本课题研究预期结果和意义。

正文页码从本页开始为“第 1 页”（在 Word 插入页码的格式中，选择起始页码为 1）。

第二章　章标题

正文主体是作者对研究工作的详细表述。一般包括以下内容：①理论分析。详细说明所采用的分析方法和计算方法等基本情况，重点陈述自己所做的改进工作和创造工作；②研究方法与手段介绍。采用实验研究方法的，应简要说明实验过程、操作步骤、实验装置和仪器、原材料性能，记录、分析实验结果；采用理论推导研究方法的，应组织内容对论点进行论证，做到论点突出，层次清晰，判断准确，推理严谨；采用调查研究方法的，应简要说明调查的目标、对象、范围、时间、地点、调查过程和方法等要素，详细说明产生结论的依据，如调查采取的样本、得出的数据及分析结果等；③结果与讨论。是全文的核心部分，一般占较大篇幅。应对研究成果精心筛选，充分说明必要的数据、现象、样品、认识等，若对结果做定性和定量分析，应说明数据的处理方法及误差分析、现象出现条件及其可证性、结论或推论的适用条件和范围。

参考文献按论文中出现的先后顺序编号，并在正文中所引用的地方标出，置于文字右上角，如[1]，或者连续引用[3-5]。

2.1　二级标题（黑体小三号字体）

二级、三级标题的编号都采用手工编号，避免自动编号产生的错误。编号与标题之间空1格。

2.1.1　三级标题（黑体四号字体）

目录中只列出一级到三级标题。

2.1.1.1　四级标题（黑体小四号字体）

建议正文中尽量少用四级和四级以下标题，少使用项目符号。

确实需要的，五级标题可以采用（1）、（2）…编号。六级以下不要编号。

图序与图题之间空 1 个全角字符，置于图的下方，采用 5 号、宋体、居中编排。图序以章为单位顺序编号（如图 2-1）；若图由若干分图组成，则分图用 a，b，c…标出。图中的文字采用 5 号宋体。图的版式采用“嵌入型”，居中编排。

从其他文献中引用的图应在图题右上角标出文献来源。

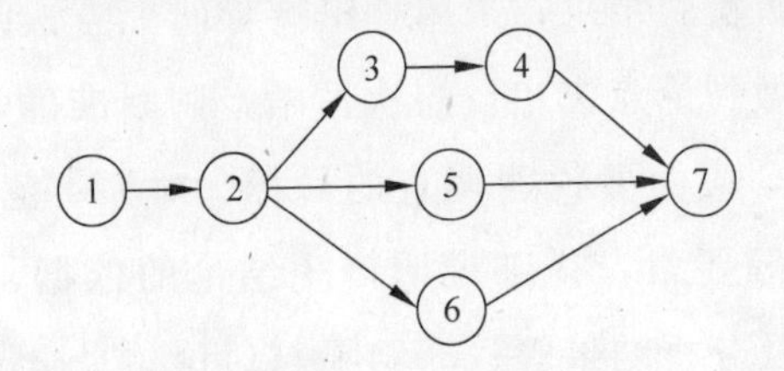

图 2-1　图题

表序与表题之间空 1 个全角字符，置于表的上方，采用 5 号、宋体、居中编排。图序以章为单位顺序编号（如图 2-1）。

表 2-1　表题

表头字体加粗	列 1	列 2
表中的文字宋体、五号、居中		

公式建议采用公式编辑器制作。公式的编号应按章编号，右对齐。

$$Z = \frac{X}{Y} \qquad \text{公式(1-1)}$$

代码或者算法都采用表的样式，做成一行一列的表格，内容采用 5 号、宋体、单倍行距。

表 2-2 代码或算法范例

```
bool Netscan(char * szSubnetNo,char * szMaskNo)
{
    char szServerIPAddr[ADDR_LEN];
    char szDestMac[ADDR_LEN];
    unsigned int    uField1,uField2,uField3,uField4;
    unsigned long    ulScanIP;
     …
     strcpy(szServerIPAddr,szSubnetNo);
    ulScanIP = inet_addr(szServerIPAddr);
    uField4 = ((ulScanIP & 0xFF000000) >> 24);
    uField3 = (ulScanIP & 0x00FF0000) >> 16;
    uField2 = (ulScanIP & 0x0000FF00) >> 8;
    uField1 = ulScanIP & 0x000000FF;
    while(true)
    {
        bool  bRet = SendPing(szServerIPAddr);//对 IP 地址进行 Ping 扫描
        if(bRet == true)
        {
            memset(szDestMac,0,ADDR_LEN);
            //对 IP 地址进行 ARP 扫描获取 MAC 地址
            ARPScan(szServerIPAddr,szDestMac)
            //将服务器图标地址插入到 TOP 视图中
            InsertServer (strServerIPAddr,szDestMac);
        }
        uField4 ++ ;
        if (uField4 == 255)
        {
            uField4 = 1;
            uField3 ++ ;
        }
        if (uField3 == 255)
        {
            uField3 = 1;
            uField2 ++ ;
        }
        if (uField2 == 255)
        {
            uField2 = 1;
```

续表

```
            uFieldl++;
        }
        sprintf(szServerIPAddr,"%d.%d.%d.%d",uField1,uField2,
uField3,uField4);
        bRet = IsIPAddrInSubnetwork(szServerIPAddr, szSubnetNo,
szMaskNo);
        if (bRet == false)
            break;
    }//end of while
    return  true;
}
```

第x章 结 论

结论是对整个研究工作的总结和归纳，集中反映研究成果、作者的见解和主张，是全文的思想精华。结论一般包括所得结果与已有结果的比较、学术意义、应用价值、应用推广的可能性，同时也应说明研究中存在的问题和对下一步工作的建议。结论应简单明了，措辞严谨，实事求是。

致　谢

一般对下列对象表示感谢：①资助和支持研究工作的组织或个人；②协助完成研究工作和提供便利条件的组织或个人；③在研究工作中提出建议和提供帮助的人；④给予转载和引用权的资料、图片、文献、研究思想和设想的所有者；⑤其他应感谢的组织和个人。致谢应言辞恳切、实事求是。

参考文献要求：作者直接阅读过的或在正文中引用过的文献应列入参考文献，一般不少于10篇，其中外文文献不少于2篇。所列参考文献应是正式出版物，包括期刊、书籍、论文集和会议论文集等。

注意：参考文献中的标点符号都是英文标点带一个空格。这是进行电子索引的要求。

参 考 文 献

[1] 著者．书名［M］．版本（初版不写）．（翻译者．）出版地：出版者，出版年．

[2] 著者．篇名［J］．刊名（外文刊名可按标准缩写并省略缩写点），出版年，卷号（期号）：起止页码．

[3] 著者．篇名．主编．论文集名（或者会议名称）［C］．出版地：出版者，出版年：起止页码．

[4] 著者．题名［R］．报告题名，编号．出版地：出版者，出版年：起止页码．

[5] 专利申请者．题名［P］．国别．专利文献种类，专利号．专利申请日期．

[6] 起草责任者．标准代号 标准顺序号-发布年 标准名称［S］．出版地：出版者，出版年．

[7] 著者．文献题名［N］．报纸名．出版日期（版面次序）．

[8] 著者．文献题名．电子文献类型标示/载体类型标示．文献网址或出处，更新引用日期．

[9] Author. Title of the Paper. Proceeding of the Conference［C］. Shanghai，China，2005. pp：18～25.

[10] Author. Title of the Paper. Journal of Computer Science［J］. 1999，Vol. 5，No. 3. pp：412～416.

附　录

附录是论文主体的补充项目，一般包括不便放进正文的重要数据、表格、公式、图纸、作品说明书和程序等资料。

附录 A

附录 B

B.5 毕业论文评阅表模板

本科毕业论文评阅表

学生姓名		学号		专业	网络工程
课题名称					
指导教师		职称		单位	
指导教师 综合评价					

续表

评价要素	评　阅　意　见	评　分
论文选题（15分）	与专业结合情况：□紧密　□一般　□不紧密 综合能力锻炼：□较强　□一般　□较弱 研究难度：□较大　□适中　□较小	
文献综述（15分）	文献资料的阅读：□广泛□较多 □一般 □欠缺 对本课题背景的了解：□深入□较好 □一般 □欠缺 文献分析与综述能力：□很强□较强 □一般 □欠缺	
论文水平（50分）	新见解或成果：□突出 □较突出 □一定 □无 专业知识：□扎实 □较好 □基本 □欠缺 理论分析：□深入 □较好 □一般 □欠缺 结果验证：□充分 □较好 □一般 □欠缺 技能培养：□强 □较强 □一般 □欠缺	
写作能力 学风（20分）	条理：□清晰　□较清晰　□不清晰 文字：□通顺　□较通顺　□不通顺 图表：□规范　□较规范　□不规范 学风：□严谨　□较严谨　□一般　□较差	
总　评　分　（满分100分）		
等级（优秀、良好、中等、及格、不及格）		

续表

<table>
<tr><td>论文存在的不足或问题：</td></tr>
<tr><td>评阅人结论：
□已经达到本专业毕业设计（论文）的要求
□基本达到本专业毕业设计（论文）的要求
□尚未达到本专业毕业设计（论文）的要求

建议：
□准予答辩
□修改后答辩
□不予答辩</td></tr>
<tr><td>评阅人所在单位：

评阅人（签名）：　　　　年　月　日</td></tr>
</table>

B.6 成绩评定表模板

20xx级 本科毕业设计成绩评定表

<table>
<tr><td>学生姓名</td><td></td><td>学号</td><td></td><td>专业</td><td></td></tr>
<tr><td>课题名称</td><td colspan="5"></td></tr>
<tr><td>指导教师</td><td></td><td>职称</td><td></td><td>单位</td><td></td></tr>
<tr><td>答辩情况记录</td><td colspan="5">1. 毕业设计完成情况
是否按任务书要求完成工作：
□100%完成 □80%基本完成 □70%完成 □60%完成
□50%以下完成

2. 毕业论文质量
论文结构与篇幅是否合理：□合理 □基本合理 □欠合理
文字、图表是否规范： □规范 □基本规范 □欠规范

3. 论文报告情况
主要工作和关键技术报告是否清楚： □清楚 □基本清楚
□欠清楚
系统是否可演示： □可演示 □不可演示 □不适应

4. 回答问题情况
回答问题是否正确： □正确 □基本正确 □不正确</td></tr>
</table>

续表

答辩小组 综合评语	
答辩小组 评分	成绩(等级)：__________ 组长(签名)：__________ 成员(签名)：__________，__________，__________ 年　月　日
教务部门 核准成绩	最终评定成绩(等级)：______ 教务部门盖章：______年__月__日

注 1：答辩小组人员组成：组长 1 人，成员 2～3 人，秘书 1 人，可由成员兼任。

注 2：成绩可以为百分制或优秀、良好、中等、及格、不及格五档制。

注 3：此表由答辩小组秘书填写，经答辩小组签字、教务部门盖章核准后统一交教务存档。

附录C 网络工程专业人才培养需求调研表

尊敬的先生/女士：

最近二十年，网络工程专业本科教育取得了长足的进步，为社会输送了大批优秀的网络工程专业人才。同时，随着技术的发展和人才需求的多样化和高层次化，网络工程专业建设和人才培养也出现了不少新问题、面临着许多新挑战。

为加强和深化网络工程专业教育教学改革和人才培养，我们特别开展了本次调研。

感谢您与我们分享您的卓越思想和理念，共同促进我国网络工程专业建设和人才培养的进步和发展！

第一部分：总体情况（用√选择）

1.0　贵单位的全称是＿＿＿＿＿＿＿＿＿＿＿＿＿＿＿＿＿＿＿＿＿＿＿＿＿＿＿＿＿＿

1.1　贵单位属于哪种类型？

（　）高等院校　　（　）科研机构

（　）政府部门　　（　）部队与国安系统

（　）IT 设备制造商　　（　）网络系统集成商

（　）金融证券机构　　（　）电信运营商

（　）ISP　　（　）ICP

（　）其他企事业单位　　（　）应用软件开发商

（　）一般 IT 企业

1.2　您是否了解网络工程专业？

（　）非常了解　　（　）了解

（　）比较了解　　（　）不太了解

1.3　您认为当前我国网络工程专业人才培养规模能否满足社会对网络工程人才的需求？

（　　）人才培养规模适中　　　　　（　　）人才培养规模过大

（　　）人才培养规模不足　　　　　（　　）不清楚

1.4　您认为当前我国网络工程专业人才培养质量能够满足社会对网络工程人才的需求？

（　　）满足　　　　　　　　　　　（　　）基本满足

（　　）人才培养质量有待提高　　　（　　）人才培养质量很差

1.5　您认为当前我国主要欠缺哪种类型的网络工程专业人才？

（　　）学术研究型人才　　　　　　（　　）工程设计型人才

（　　）维护管理型人才　　　　　　（　　）基本应用型人才

1.6　您是否看好网络工程专业人才的就业和发展前景？

（　　）非常看好　　　　　　　　　（　　）比较看好

（　　）不太看好　　　　　　　　　（　　）不清楚

1.7　贵单位目前从事网络相关工作的人员有多少人？

（　　）0　　　　　　　　　　　　（　　）1～9

（　　）10～19　　　　　　　　　　（　　）20～49

（　　）50～99　　　　　　　　　　（　　）100以上

1.8　贵单位未来5年计划引进多少名网络人才？

（　　）0　　　　　　　　　　　　（　　）1～9

（　　）10～19　　　　　　　　　　（　　）20～49

（　　）50～99　　　　　　　　　　（　　）100以上

1.9　贵单位从事网络相关工作的人员学历结构上主要是哪种类型？

（　　）专科_________人　　　　（　　）本科_________人

（　　）硕士_________人　　　　（　　）博士_________人

第二部分：如果您所在单位属于非高等院校，请您回答下列问题。

2.1　贵单位目前及未来3～5年主要需要哪些专业人才？

（　　）网络工程专业　　　　　（　　）计算机硬件专业

（　　）计算机软件专业　　　　（　　）网络安全专业

（　　）其他______________________________

2.2 贵单位的网络工程专业人才需求现状怎样?

( ) 存在较大的需求量 ( ) 存在一定的需求量

( ) 已基本达到饱和 ( ) 不需要

2.3 您认为高校是否有必要设置网络工程专业?

( ) 非常必要 ( ) 可有可无

( ) 没有必要 ( ) 不清楚

2.4 贵单位是否愿意与高等院校联合开展网络工程人才培养工作?

( ) 作为校外实习基地 ( ) 定向合作培养

( ) 联合开展本科毕业设计 ( ) 不愿意

2.5 如果由您来为贵单位聘请网络工程专业人才，您最看重的 4 项技能是哪些 (4 个以内)?

( ) 组网能力 ( ) 网络编程能力

( ) 网络系统集成能力 ( ) 网络系统分析与设计能力

( ) 网络安全技术能力 ( ) 网络设备硬件设计能力

( ) 网络设备驱动程序设计能力

( ) 网站设计、开发与维护能力

( ) 网络系统管理与维护能力

( ) 网络应用需求分析能力

( ) 信息获取与分析能力 ( ) 网络协议分析能力

( ) 网络协议设计能力 ( ) 通信系统维护管理能力

( ) 其他____________________

2.6 您认为网络工程专业人才应该具备哪些基本知识?

( ) 人文社科基础 ( ) 数理基础

( ) 计算机硬件基础 ( ) 计算机软件基础

( ) 操作系统 ( ) 数据库

( ) 现代通信技术 ( ) 计算机网络

( ) 无线移动网络 ( ) 网络编码

( ) 网络管理 ( ) 网络工程

( ) 网络编程 ( ) 网络系统集成

( ) 信息安全基础 ( ) 软件工程

( ) 需求工程 ( ) 系统工程

（　　）管理学基础　　　　　　（　　）人工智能
（　　）模拟与仿真　　　　　　（　　）交叉学科基础
（　　）其他________________

2.7　贵单位看重网络工程专业人员的哪些综合能力？
（　　）人际交往能力　　　　　（　　）专业理论素养
（　　）实践能力　　　　　　　（　　）持续学习能力
（　　）创新能力　　　　　　　（　　）管理能力
（　　）文字表达能力　　　　　（　　）外语运用能力

2.8　您认为网络工程专业人才应该具备哪些基本素养？
（　　）良好的道德修养　　　　（　　）强烈的责任心
（　　）注重礼节礼貌　　　　　（　　）爱国精神
（　　）奉献精神　　　　　　　（　　）求实精神
（　　）刻苦钻研精神　　　　　（　　）进取心
（　　）创新意识　　　　　　　（　　）团队协作精神
（　　）爱岗敬业　　　　　　　（　　）遵纪守法

2.9　贵单位看重网络工程专业人员的哪些素质？
（　　）专业素质　　　　　　　（　　）人文素质
（　　）身体素质　　　　　　　（　　）心理素质

2.10　您认为目前网络工程专业人才主要欠缺哪些基本知识？
（　　）人文社科基础　　　　　（　　）数理基础
（　　）计算机硬件基础　　　　（　　）计算机软件基础
（　　）操作系统　　　　　　　（　　）数据库
（　　）现代通信技术　　　　　（　　）计算机网络
（　　）无线移动网络　　　　　（　　）网络编码
（　　）网络管理　　　　　　　（　　）网络工程
（　　）网络编程　　　　　　　（　　）网络系统集成
（　　）信息安全基础　　　　　（　　）软件工程
（　　）需求工程　　　　　　　（　　）系统工程
（　　）管理学基础　　　　　　（　　）人工智能
（　　）模拟与仿真　　　　　　（　　）交叉学科基础

2.11　您认为目前网络工程专业人才主要欠缺哪些基本技能？

( ) 组网能力　( ) 网络编程能力
( ) 网络系统集成能力　( ) 网络系统设计与分析能力
( ) 网络安全技术能力　( ) 网络设备硬件设计能力
( ) 网络设备驱动程序设计能力
( ) 网站设计、开发与维护能力
( ) 网络系统管理与维护能力
( ) 网络应用需求分析能力
( ) 信息获取与分析能力　( ) 网络协议分析能力
( ) 网络协议设计能力　( ) 通信系统维护管理能力
( ) 其他____________________

2.12 您认为目前网络工程专业人员主要欠缺哪些综合能力?
( ) 人际交往能力　( ) 专业理论素养
( ) 实践能力　( ) 持续学习能力
( ) 创新能力　( ) 管理能力
( ) 文字表达能力　( ) 外语运用能力

2.13 您认为目前网络工程专业人才主要欠缺哪些基本素养?
( ) 良好的道德修养　( ) 强烈的责任心
( ) 注重礼节礼貌　( ) 爱国精神
( ) 奉献精神　( ) 求实精神
( ) 刻苦钻研精神　( ) 上进取心
( ) 创新意识　( ) 团队协作精神
( ) 爱岗敬业　( ) 遵纪守法

2.14 您认为目前网络工程专业人员主要欠缺哪些素质?
( ) 专业素质　( ) 人文素质
( ) 身体素质　( ) 心理素质

调查问题到此结束，谢谢您的合作，祝您工作愉快!

参考文献

[1] 胡锦涛主席在全国人才工作会议上的重要讲话，2010年5月25日

[2] 国家中长期教育改革和发展规划纲要（2010—2020年），2010

[3] 中国互联网络信息中心．中国互联网络发展状况统计报告，2010

[4] 2006—2020年国家信息化发展战略，2006

[5] 教育部高等学校计算机科学与技术教学指导委员会．高等学校计算机科学与技术专业人才专业能力构成与培养．北京：机械工业出版社，2010

[6] 教育部高等学校计算机科学与技术教学指导委员会．高等学校计算机科学与技术专业公共核心知识体系与课程．北京：清华大学出版社，2008

[7] 教育部高等学校计算机科学与技术教学指导委员会．高等学校计算机科学与技术专业核心课程教学实施方案．北京：高等教育出版社，2009

[8] 教育部高等学校计算机科学与技术教学指导委员会．高等学校计算机科学与技术专业实践教学体系与规范．北京：清华大学出版社，2008

[9] 教育部高等学校计算机科学与技术教学指导委员会．高等学校计算机科学与技术专业发展战略研究报告暨专业规范（试行）．北京：高等教育出版社，2006

[10] 计算机科学与技术专业（信息系统方向）规范起草小组．计算机科学与技术专业（信息技术方向）规范与专业建设研究报告．北京：高等教育出版社/清华大学出版社，2005

[11] 教育部高等学校计算机科学与技术教学指导委员会．高等学校计算机科学与技术专业信息系统方向规范．北京：中国铁道出版社，2010

[12] 北京大学信息科学技术学科课程体系研究组．北京大学信息科学技术学科课程体系．北京：清华大学出版社，2008

[13] 清华大学计算机系．清华大学计算机科学与技术学科本科专业教育培养体系．北京：清华大学出版社，2011

[14] 中国计算机科学与技术学科教程研究组．中国计算机科学与技术学科教程2002.北京：清华大学出版社，2002

[15] 南京理工大学．网络工程专业知识体系及课程群研究报告，2009

[16] 蒋宗礼．计算机科学与技术学科硕士研究生教育．北京：清华大学出版社，2005

[17] ACM/IEEE Computing Curricula 2005：The Overview Report，2010.9

[18] Curricula Recommendations. http：//www.acm.org/education/curricula-recommendations，2010.9

[19] Xu Ming，Yao Danlin，Cai Kaiyu，Zhu Peidong，Chen Yingwen. The Progress of the National First-rate Course “Computer Networks” in NUDT. The First ACM Summit on Computing Education in China，2008.10

[20] 陈鸣，胡谷雨，王元元．网络工程专业教学体系的创新与实践．计算机教育，2009（19）

[21] 徐明，窦文华，姚丹霖等．改革创新，以国家精品课程建设为契机，不断提高计算机网络人才培养水平．第二届中国计算机教育与发展学术研讨会暨中国计算机教育专业委员会年会，2008

[22] 綦朝晖，吴江文．网络工程专业人才培养体系的研究．高教论坛，2008（4）

[23] 马素刚，谢晓燕等．网络工程实用人才培养．计算机教育，2010（18）

[24] 袁华，张凌．模块化的计算机网络课程体系探索实践．计算机工程与科学，2010（A1）

[25] 张晓明，杜天苍等．计算机网络课程体系的研究与实践．计算机工程与科学，2010（A1）

[26] 张楠，杨宪泽等．学分制下网络工程专业建设的思考与探索．计算机工程与科学，2010（A1）

[27] 孙润元，荆山等．高校网络工程本科专业人才培养模式研究．计算机工程与科学，2010（A1）

[28] 仲红，陶亮．本科网络工程专业建设的实践探索．计算机工程与科学，2010（A1）

[29] 高璟，姜秀柱等．网络工程专业体系建设研究．计算机工程与科学，2010（A1）

[30] 张国敏，陈鸣等．网络工程专业《课程设计》建设探索．计算机工程与科学，2010（A1）

[31] 曾长军，孙宝林等．计算机网络工程专业建设与课程设置研究．计算机工程与科学，2010（A1）

[32] 毛羽刚，徐明等．网络工程专业调查及思考．计算机工程与科学，2010（A1）

[33] 张建伟，张杰．网络工程专业特色培养方向的建设．计算机工程与科学，2010（A1）

[34] 常欣，袁华等．网络工程专业定位于教学体系的创新模式探索．计算机工程与科学，2010（A1）

[35] 荆山，孙润元等．网络工程专业实践教学模式的研究．计算机工程与科学，2010（A1）

[36] 曹介南，徐明等．关于增设网络技术二级学科的刍议．计算机工程与科学，2010（A1）

[37] 逄焕利，常欣等．网络工程专业课程体系建设研究．计算机工程与科学，2010（A1）

[38] 徐远超，张聪霞等．网络工程与嵌入式系统融合实践教学探索．计算机工程与科学，2010（A1）

[39] 金凤林，陈鸣等．计算机网络实验教学体系研究．计算机工程与科学，2010（A1）

[40] 曹介南，蔡志平等．网络工程专业综合实践教学课程设计探讨．计算机工程与科学，2010（A1）

[41] 蔡志平，姚丹霖，周丽涛等．网络程序课程设计的教学研究与探索．计算机教育，2007（10）

[42] 姜誉，吕兴凤．高校计算机网络类课程教学与实践．计算机工程与科学，2010（A1）

[43] 蔡开裕，朱培栋．“计算机网络”课程建设研究与实践．计算机工程与科学，2006 (A1)
[44] 师雪霖，尤枫．网络规划与设计课程实践教学探索．计算机教育，2010 (18)
[45] 姜腊林，易建勋，陈倩诒等．网络工程专业培养方案的研究与实践，高等教育研究学报，2005 (03)
[46] 岳峰，王桢．浅谈高校网络工程专业学生实践能力的培养．教育与职业，2011 (21)
[47] 顾翔，王杰华．网络工程本科专业“3+1”培养模式．计算机教育，2010 (23)
[48] 张新有，曾华燊，窦军．就业导向的网络工程专业教学体系．高等工程教育研究，2010 (04)
[49] 罗来俊．应用型网络工程专业人才培养探索．电脑知识与技术，2010 (31)
[50] 刘晓华，郑更生，赵卿松．网络工程专业实践教学体系的研究．软件导刊，2011 (05)
[51] 金永涛，邹澎涛，魏艳娜等．基于项目的网络工程专业教学模式探究．中国大学教学，2010 (12)
[52] 贾铁军，刘泓漫．技术应用型网络工程专业人才培养模式改革与实践．Proceedings of 2010 Third International Conference on Education Technology and Training (Volume 6)，2010
[53] 赵生慧，刘进军，陈桂林等．具有创新思维的网络工程专业人才培养目标的建构．Proceedings of 2010 Third International Conference on Education Technology and Training (Volume 7)，2010
[54] 张新有，李成忠，田克．网络工程实验室建设与实验教学的探讨．实验科学与技术，2005 (04)
[55] 王建民，范通让，赵永斌．网络工程专业毕业设计教学模式．计算机教育，2010 (23)
[56] 纪其进，朱艳琴．网络工程专业网络程序设计课程探讨．计算机教育，2010 (23)
[57] 钟伯成，袁瞀，檀明等．应用型本科院校网络工程专业课程体系的研究与实践，网络工程专业网络程序设计课程探讨．计算机教育，2010 (8)
[58] 蒋吉频，高东发，阳爱民等．我国网络工程专业建设的研究现状述评．计算机教育，2010 (12)
[59] 张自力，王柯等．探索双语教学之路，建设计算机网络精品课程．计算机教育，2008 (2)
[60] 蔡开裕，朱培栋等．国家精品课程“计算机网络”教材建设与实践．计算机教育，2008 (8)
[61] 徐明，窦文华等．“计算机网络”国家精品课程建设．计算机教育，2008 (8)
[62] 郭文生，傅彦．计算机网络教学改革实践．计算机教育，2008 (8)
[63] 巩永旺，徐秀芳等．计算机网络实验教学体系建设模型．计算机教育，2011 (5)
[64] 栗琳红，张勇斌．计算机网络专业实践教学的探索与思考．计算机教育，2009 (8)

[65] 张亦辉．计算机网络实训室建设的探索与实践．计算机教育，2009（4）
[66] 王长广，刘建军．网络工程专业创新人才试验区建设探讨．计算机教育，2009（2）
[67] 黄艳琼，梁俊．计算机网络课程实验教学改革探索．计算机教育，2009（2）
[68] 周丽雅．多层次的计算机网络实验体系研究与设计．计算机教育，2010（7）
[69] 容晓峰，唐俊勇等．网络工程专业课程体系建设．计算机教育，2010（14）
[70] 陈代武，郭广军等．计算机网络精品课程知识结构教学探讨．计算机教育，2010（14）
[71] 张军，季伟东．计算机网络课程教学模式创新及实践．计算机教育，2010（22）
[72] 蔡开裕，朱培栋等．提高网络工程专业人才素质之我见．计算机教育，2010（23）
[73] 纪其进，朱艳琴．网络工程专业网络程序设计课程探讨．计算机教育，2010（23）
[74] 王春枝，李红等．网络工程专业培养方案探索与实践．计算机教育，2010（23）
[75] 王建民，范通让等．网络工程专业毕业设计教学模式．计算机教育，2010（23）
[76] 任浩，朱培栋等．网络编程实践课程的探索．计算机教育，2010（23）
[77] 李耀辉，蔡振山．网络工程专业“双主线”教学体系构建．计算机教育，2010（23）